Eiserne Gittermaste für Starkstrom-Freileitungen

Berechnung und Beispiele

von

Wilhelm Taenzer

Mit 209 Textabbildungen

Springer-Verlag Berlin Heidelberg GmbH
1930

Alle Rechte, insbesondere das der Übersetzung
in fremde Sprachen, vorbehalten.

ISBN 978-3-662-31394-7   ISBN 978-3-662-31601-6 (eBook)
DOI 10.1007/978-3-662-31601-6

Vorwort.

In den Anfängen der Überlandzentralen galt der Mastenbau naturgemäß als etwas Nebensächliches im Eisenkonstruktionsfach.

Das wurde bald anders, als mit dem Ausbau der Leitungsnetze die Nachfrage nach Masten stieg und gleichzeitig die mit hoher elektrischer Spannung betriebenen Verbindungsleitungen besondere Anforderungen an die Konstruktion der Maste stellten.

Es kam alles darauf an, daß Mastkonstruktionen geschaffen wurden, die gute Wirtschaftlichkeit mit unbedingter Betriebssicherheit der aufgehängten Hochspannungsleitungen vereinigten.

Die zu diesem Ziele führenden Grundlagen der Statik und Konstruktion zum erfolgreichen Mastenbau sind als reife Frucht langjähriger Erfahrung in dieser kleinen Schrift niedergelegt.

Mit dieser Gabe möchte sie dienen: den Elektrizitätsfirmen bei der Projektierung neuer Leitungsstrecken. Den Eisenbaufirmen als brauchbare Handhabe zur Berechnung und Herstellung wirtschaftlicher Masttypen. Und nicht zuletzt jungen Eisenbaustudenten als Rüstzeug zum Studium dieses aussichtsreichen, mit der gesamten Elektrizitätswirtschaft so eng verbundenen Fachgebietes.

Bad Oeynhausen, im Frühling 1930.

Der Verfasser.

Inhaltsverzeichnis.

I. Allgemeine Grundlagen der Berechnung.

Seite
1. Auszug aus den „Vorschriften für Starkstrom-Freileitungen" V.S.F./1930. Gültig ab 1. Januar 1930   1
2. Wirtschaftliche Spannweite 6
3. Regeln für günstige Mastkonstruktionen und Fundierung 6
4. Ermittlung der Durchhänge 8
5. Wirtschaftliche Fabrikation 15

II. Berechnungsbeispiele.

6. 50-kV-Leitung, 200 m Spannweite, mit starren Auslegern. Trag- und Abspannmast, statische Berechnung, Zeichnung und Gewicht 16
7. 50-kV-Leitung, 200 m Spannweite, mit schwenkbaren Auslegern. Trag- und Abspannmast, statische Berechnung, Zeichnung und Gewicht. Zugleich Vergleichsrechnung der beiden Beispiele 27
8. 220-kV-Leitung, 350 m Spannweite, mit starren Auslegern. Trag- und Abspannmast, statische Berechnung, Zeichnung und Gewicht. Der Tragmast mit Beton- und Schwellenfundierung 39
9. Einzelmast 1600 kg Zug, 22 + 2,60 m lang, für Schwellenfundierung. Statische Berechnung, Zeichnung und Gewicht 58
10. 2 Einzelmaste aus ⊏-Eisen, 8 + 1,80 und 10 + 2,00 m lang. Statische Berechnung, Zeichnung und Gewicht 63

I. Allgemeine Grundlagen der Berechnung.

1. Auszug aus den „Vorschriften für den Bau von Starkstrom-Freileitungen" V.S.F. 1930. Gültig ab 1. Januar 1930.

Es sind nachstehend in gedrängter Kürze auszugsweise die „Vorschriften" zusammengestellt, soweit sie unmittelbar von der Berechnung und Ausführung der Maste handeln.

Begriffserklärung. § 3.

Prüffestigkeit: diejenige Zugspannung in kg/mm², welche die Drähte beim Zugversuch 1 min lang aushalten müssen, ehe sie zerreißen.

Dauerzugfestigkeit: die größte statische Zugspannung in kg/mm², welche die Drähte 1 Jahr lang aushalten müssen, ehe sie zerreißen.

Höchstzugspannung: diejenige Zugspannung im tiefsten Punkt der Leitungen, die nach dem bei der Verlegung gewählten Durchhang weder bei $-5°$ mit der der Berechnung zugrunde gelegten Zusatzlast noch bei $-20°$ ohne Zusatzlast überschritten wird.

Höchstzug einer Leitung: Nennquerschnitt × Höchstzugspannung.

Durchhang: Abstand der Mitte der Verbindungslinie der beiden Aufhängepunkte der Leitung von dem senkrecht darunterliegenden Punkt der Leitung.

Spannweite: die waagerecht gemessene Entfernung zweier benachbarter Stützpunkte.

Schutz gegen Berührung. Abstände von Gebäuden. § 4.
(Freileitungen mit Betriebsspannungen von 1 kV und darüber.)

1. Die Leitungen müssen bei größtem Durchhang mit ihrem tiefsten Punkt mindestens 6 m vom Erdboden,
2. bei Wegkreuzungen mindestens 7 m von der Fahrbahn entfernt sein. Die Führung von Leitungen über Gebäude ist im eigentlichen Stadtgebiet tunlichst zu vermeiden. Über Gebäude mit weicher Bedachung (Pappe-, Stroh-, Rohrdächer u. dgl.) dürfen Leitungen nicht hinweggeführt werden, es sei denn, daß der Abstand vom Dachfirst bis zur untersten Leitung mindestens 12 m beträgt. Die Überquerung von bebautem Gelände ist sonst unter Anwendung der in § 33a angegebenen Maßnahmen gestattet, wenn folgende Forderungen erfüllt werden:

Der senkrechte Abstand zwischen den nicht ausgeschwungenen Leitungen und darunterliegenden Gebäudeteilen muß betragen:

3. mindestens 3 m, und zwar bei Leitungen mit Kettenisolatoren auch dann, wenn die unterste Leitung in einem benachbarten Feld bei größtem Durchhang reißt oder, wenn sie bei normaler Eisbelastung den Eisbehang in beiden Nachbarfeldern abgeworfen, im Kreuzungsfeld dagegen noch festgehalten hat.

4. Bei der Führung seitlich von Gebäuden oder Gebäudeteilen dürfen sich Leitungen, die sich leicht ausschalten lassen, im ungünstigsten Falle und im unbeschädigten Zustande festen Gebäudeteilen nicht auf weniger als 3 m nähern können. Alle übrigen Leitungen dürfen sich im ungünstigsten Falle und im unbeschädigten Zustande festen Gebäudeteilen nicht auf weniger als 5 m nähern können.

In beiden Fällen ist das Ausschwingen der Leitungen zu berücksichtigen. Bei Betriebsspannungen von mehr als 100 kV sind die unter 1—4 genannten Abstände um den Wert $\frac{U-100}{150}$ in Metern zu vergrößern. $U=$ Betriebsspannung in Kilovolt.

Beschaffenheit und Mindestquerschnitte der Leitungsdrähte. § 6.

Genormte Leitungen siehe folgende Normblätter: für Kupfer, Aluminium und Stahl: Din VDE 8200 und 8201; für Stahlaluminium-Seile: Din VDE 8202 und 8203 bzw. 8200.

Eindrähtige Leitungen aus Stahl und Aluminium nebst seinen Legierungen sind nicht zulässig. (Ausnahme für Fernmeldeleitungen siehe § 11.)

Der zugelassene Mindestquerschnitt beträgt: Für Kupfer und Bronze $= 10$ mm²; für Stahl $= 16$ mm²; für Aluminium und seine Legierungen $= 25$ mm².

Bei Leitungen aus anderen Werkstoffen muß der Querschnitt so groß sein, daß die Nennlast mindestens 380 kg beträgt. Eindrähtige Leitungen sind nur bis 80 m Spannweite zulässig. (Ausnahme für Fernmeldeleitungen siehe § 11.)

Zulässige Höchstzugspannungen. § 7.

In Gegenden, in denen im allgemeinen keine größere als die normale Zusatzlast (siehe § 8) zu erwarten ist, wie folgt: Bei eindrähtigen Kupferleitungen $= 12$ kg/mm²; bei Kupferseilen $= 19$ kg/mm²; bei Aluminiumseilen

= 8 kg/mm²; bei Stahlaluminiumseilen nach §§ 5 und 6a = 11 kg/mm²; bei Seilen aus Bronze Bz II = 30 kg/mm²; bei eindrähtigen Leitungen aus anderen Werkstoffen = 35%; bei Seilen aus anderen Werkstoffen = 50% der Dauerzugfestigkeit. Diese Werte dürfen (bei einfacher normaler Zusatzlast) an den Aufhängepunkten der Leitungsseile um höchstens 5% überschritten werden.

Bei der Wahl der Spannweiten ist zu beachten, daß die Sicherheit der Leitungen bei auftretenden Zusatzlasten mit wachsender Spannweite abnimmt. (Siehe ETZ 1928, S. 1705ff.) Daher ist der Nachweis zu erbringen, daß bei Leitungsseilen die 2fache normale Zusatzlast den Werkstoff an den Aufhängepunkten höchstens bis zur Dauerzugfestigkeit beansprucht.

Diese Bedingung gilt als erfüllt, ein Nachweis erübrigt sich, wenn bei den vorstehenden Höchstzugspannungen die in nachstehender Tabelle angegebenen Grenzspannweiten nicht überschritten werden.

Grenzspannweiten.

Nenn-querschnitt mm²	Kupfer m	Bronze Bz I m	Bronze Bz II m	Bronze Bz III m	Aluminium m	Stahl-aluminium m	Stahl mit einer Prüffestigkeit in kg/mm²			
							40 m	70 m	120 m	150 m
10	260		420		—	—				
16	350		550		—	—				
25	430		690		60	—				
35	510		810		80	160				
50	590		950		110	210				
70	670		1080		140	280				
95	760		1220		190	370				
120	810		1310		230	470				
150	870		1400		290	630				
185	920		1480		360	860				

Für Stahlaluminiumseile geben die Zahlen die entsprechenden Seilnummern an. Die Werte der Grenzspannweiten für Seile aus Bronze Bz I und Bz III, sowie für Stahlseile liegen zur Zeit noch nicht fest.

In Gegenden, in denen nachweislich größere Zusatzlasten als die normale $(180 \cdot \sqrt{d})$ regelmäßig aufzutreten pflegen, sind Höchstzugspannung und Spannweite so zu wählen, daß bei eindrähtigen Leitungen das 4fache, bei Seilen das 2fache der größeren Zusatzlast den Werkstoff höchstens bis zur Dauerzugfestigkeit beansprucht. Hierbei darf die Höchstzugspannung nicht größer sein als oben angegeben.

Durchhang. § 8. (Siehe S. 8ff.)
Anordnung der Leitungen am Gestänge. § 9.

Abstand der Spannung führenden Leitungen voneinander bei Leitungen gleichen Werkstoffes, gleichen Querschnitts und gleichen Durchhanges: bei Leitungen aus Aluminium und seinen Legierungen mindestens $\sqrt{f} + \frac{U}{150}$; bei Leitungen aus anderen Werkstoffen mindestens $0{,}75 \cdot \sqrt{f} + \frac{U}{150}$. Hierbei ist $f =$ Durchhang der Leitungen bei $+40°$ in Metern; $U =$ Betriebsspannung in Kilovolt.

Der Abstand darf bei Spannungen von 3 kV aufwärts: bei Aluminium und seinen Legierungen nicht kleiner als 1 m; bei anderen Werkstoffen nicht kleiner als 0,80 m sein. Leitungen, die keine Spannung gegeneinander haben, dürfen einen geringeren gegenseitigen Abstand erhalten.

Die Spannung führenden Leitungen müssen von geerdeten Bauteilen folgenden Mindestabstand haben: bei Betriebsspannungen unter 15 kV = 0,20 m; bei Betriebsspannungen von 15 kV aufwärts $= 0{,}1 + \frac{U}{150}$ in m.

Bei Hängeketten muß der Mindestabstand von geerdeten Bauteilen betragen: bei ruhender Kette $= 0{,}1 + \frac{U}{150}$ in m; bei Ablenkung der Kette durch Wind $= \frac{U}{150}$ in m. Hierbei mit 125 kg/m² Winddruck auf Kette und Leitung rechnen.

Fernmeldeleitungen am Gestänge von Starkstromleitungen. § 11.

Fernmeldeleitungen, die mit Starkstromleitungen am gleichen Gestänge geführt sind, müssen so eingerichtet sein, daß gefährliche Spannungen in ihnen nicht auftreten können, oder sie sind entsprechend der induzierten Spannung wie Starkstromleitungen zu behandeln. Bezüglich der Gefährdung von Fernmeldeleitungen durch unmittelbare Berührung mit Starkstromleitungen siehe §§ 32 und 36. Fernmeldeleitungen dürfen am gleichen Gestänge nur unterhalb der Starkstromleitungen verlegt werden.

Bei Spannweiten bis 120 m wird Bronze-, Doppelmetall- und Stahldraht, dessen Nennlast mindestens 380 kg beträgt, mit einem geringeren Querschnitt als 10 mm² zugelassen. Im übrigen gelten für Fernmeldeleitungen, die mit Starkstromleitungen am gleichen Gestänge geführt sind, §§ 5 bis 8.

Äußere Kräfte. § 15. (Belastungsannahmen.)

Maste, Mastfundierungen und Querträger sind nach ihrem Verwendungszweck für die höchsten, gleichzeitig zu erwartenden äußeren Kräfte zu bemessen wie folgt:

1. Eigengewicht der Maste und Querträger, der Leitungen einschließlich Eislast und Isolatoren. Eislast für Isolatorenketten 2,50 kg/lfdm Kettenlänge.

Auszug aus den „Vorschriften für den Bau von Starkstrom-Freileitungen" V. S. F. 1930.

2. **Winddruck** auf Leitungen und Maste bis 40 m Höhe = 125 kg/m² senkrecht getroffener Fläche ohne Eisbehang. Bei Masten von mehr als 40 m Höhe über Erde ist der Winddruck auf Maste mit Querträgern und Isolatoren wie folgt:

für die oberhalb von 40 m liegenden Teile = 150 kg/m²
„ „ „ „ 100 „ „ „ = 175 „
„ „ „ „ 150 „ „ „ = 200 „
„ „ „ „ 200 „ „ „ = 250 „

Bei Bauteilen mit Kreisquerschnitt ist die Fläche mit 50% der senkrechten Projektion der wirklich getroffenen Fläche anzusetzen. Bei Fachwerk sind die im Windschatten liegenden Teile mit 50% der Vorderfläche in Rechnung zu setzen. Auch für Querträger.

In besonders windgefährdeten Gegenden ist mit einem den örtlichen Verhältnissen entsprechenden höheren Winddruck auf Maste und Leitung zu rechnen.

3. **Höchstzug der Leitungen.**
4. **Widerstand der Fundierung** (siehe §§ 27 bis 29).

Einteilung der Maste nach dem Verwendungszweck. § 16.

Nach dem Verwendungszweck sind zu unterscheiden:

1. **Tragmaste:** zum Tragen der Leitungen nur in gerader Strecke.
2. **Winkelmaste:** zur Aufnahme der Leitungszüge in Winkelpunkten.
3. **Abspannmaste:** die Festpunkte in der Freileitung bilden.
4. **Endmaste:** zur Aufnahme des gesamten einseitigen Leitungszuges.
5. **Kreuzungsmaste:** die bei bruchsicherer Kreuzung von Fernmeldeleitungen der Deutschen Reichspost, Eisenbahnen oder Reichswasserstraßen aufzustellen sind.
6. **Abzweig- und Verteilungsmaste:** die zum Abzweigen oder Verteilen der Leitungen nach verschiedenen Richtungen dienen.

Belastungsannahmen. § 17.

I. Für Winddruck und Leitungszug sind die nachstehend aufgeführten Kräfte anzunehmen. Als Leitungszug gilt der Höchstzug der Leitungen. Als Normalbelastung gelten die in folgender Tabelle angeführten Berechnungsgrundlagen α bis γ. Diese sind jedoch nicht gleichzeitig anzunehmen, sondern es sind die Fälle auszuwählen, bei denen in den einzelnen Bauteilen die größten Spannungen auftreten. Bei Masten, die dauernd einer Verdrehungsbelastung unterworfen sind, ist gleichzeitig das Drehmoment zu berücksichtigen.

II. **Belastung bei Leitungsbruch.** Stahlgittermaste sind ferner unter der Annahme zu berechnen, daß durch den Bruch einer Leitung ein Drehmoment hervorgerufen wird. Dabei ist bei Tragmasten der halbe, bei allen anderen Masten der volle einseitige Höchstzug der Leitung anzusetzen, für die sich in den einzelnen Bauteilen die größten Spannungen ergeben.

Bei Tragmasten in Gegenden, in denen nachweislich größere Zusatzlasten als die normale $180 \cdot \sqrt{d}$ regelmäßig aufzutreten pflegen, ist mit dem vollen Höchstzug der Leitung zu rechnen. Winddruck kann vernachlässigt werden.

Bei dieser Berechnung gelten die auf Seite 5 angegebenen zulässigen Spannungen, sowie die in folgender Tabelle, Spalte 3, angeführten Berechnungsgrundlagen.

Berechnungsgrundlagen.

Mastart	Normalbelastung	Belastung durch Verdrehen
1	2	3
1. Tragmaste.	α) Winddruck senkrecht zur Leitungsrichtung auf Mast mit Kopfausrüstung und gleichzeitig auf die halbe Länge der Leitungen der beiden Spannfelder. β) Winddruck in Leitungsrichtung auf den Mast mit Kopfausrüstung. γ) Kräfte in Höhe und Richtung der Leitungen = ¼ des Winddrucks auf Leitungen unter α. Nur bei Masten über 10 m Länge zu berücksichtigen.	Die Normalbelastungen α, β und γ bleiben unberücksichtigt. Nur die Belastung nach II einsetzen.
2. Winkelmaste.	α) Die Mittelkräfte der Leitungszüge und gleichzeitig der Winddruck auf Mast mit Kopfausrüstung in Richtung der Gesamtmittelkraft. $R = 2 \cdot P \cdot \cos \frac{\alpha}{2} +$ Wind. β) Bei Rechteck-Masten ist der Wind auf Mast und Kopfausrüstung senkrecht zur Mittelkraft wirkend anzunehmen. Abb. 1.	Die Normalbelastungen α bzw. β und Belastung nach II gleichzeitig anzunehmen. Ohne Winddruck und ohne die gerissen gedachte Leitung.
3. Abspannmaste in gerader Strecke	α) Wie 1α. β) ⅔ der einseitigen Leitungszüge und gleichzeitig Winddruck auf Mast mit Kopfausrüstung senkrecht zur Leitungsrichtung.	Die Normalbelastung α bzw. β bleiben unberücksichtigt; nur die Belastung nach II einsetzen.

Berechnungsgrundlagen (Fortsetzung).

Mastart	Normalbelastung	Belastung durch Verdrehen
1	2	3
4. Abspannmaste in Winkelpunkten.	α) Wie 2α. β) Wie 2β. γ) $\tfrac{2}{3}$ der einseitigen Leitungszüge und gleichzeitig Winddruck auf Mast mit Kopfausrüstung in Richtung des größten Zuges. 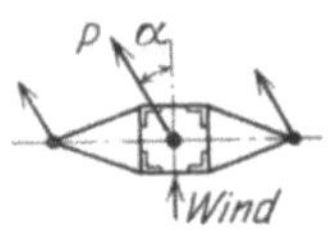 $R = \tfrac{2}{3} \cdot P(\sin + \cos\alpha) + $ Wind auf Mast und Trav. Breitseite. Abb. 2.	Die Normalbelastung α bzw. β sind gleichzeitig, die Normalbelastung γ ist nicht gleichzeitig mit Verdrehung nach II einzusetzen. Sonst ohne Winddruck wie unter 2.
5. Endmaste.	Der gesamte einseitige Leitungszug und gleichzeitig der senkrecht zur Leitungsrichtung wirkende Winddruck auf Mast mit Kopfausrüstung.	Normalbelastung und Verdrehung nach II gleichzeitig annehmen. Ohne Winddruck und ohne die gerissen gedachte Leitung.
6. Kreuzungsmaste.	Für Kreuzungsmaste sind besondere Vorschriften maßgebend (siehe § 32d).	
7. Abzweig- und Verteilungsmaste.	α) Wie 2α. β) Die größte Mittelkraft der Leitungszüge bei Fortfall eines oder mehrerer Abzweige.	Die Normalbelastungen α und β sind gleichzeitig mit der Belastung nach II anzunehmen.
8. Als Stützpunkte benutzte Bauwerke.	Die Bauwerke müssen die durch den Leitungszug hervorgerufenen Spannungen aufnehmen können.	—

Besondere Bestimmungen für Abspannmaste. § 18.

Mindestens alle 3 km muß ein Abspannmast gesetzt werden. An diesem sind die Leitungen so zu befestigen, daß ein Durchrutschen ausgeschlossen ist.

In Gegenden, in denen außergewöhnlich große Zusatzlasten zu erwarten sind, muß mindestens jeder zehnte Mast ein Abspannmast sein, falls nicht schon durch Verkürzung der Spannweiten den zu erwartenden Belastungen Rechnung getragen ist.

Die Querträger für Abspannmaste müssen den einseitigen Höchstzug der Leitungen, die Querträger für Tragmaste die senkrechten Belastungen aufnehmen können. Die Querträger der auf Verdrehung zu berechnenden Tragmaste sind außerdem unter Zugrundelegung der auf Seite 5 angegebenen zulässigen Spannungen für den halben bzw. vollen einseitigen Höchstzug einer Leitung zu berechnen.

Vogelschutz. § 19.

Die Leitungsträger, Stützen usw. sind möglichst so auszubilden, daß den Vögeln eine Sitzgelegenheit in gefahrbringender Nähe der Leitungen nicht gegeben wird. Diese Bedingung kann als erfüllt gelten, wenn der waagerechte Abstand zwischen einer Spannung führenden Leitung und geerdeten Stahlteilen mindestens 0,30 m beträgt.

Allgemeines. § 23.

Stahlmaste müssen zuverlässig gegen Rost geschützt sein. In der Erde liegende Eisen- und Stahlteile sind mit heißem säurefreien Teer oder einem gleichwertigen Schutzmittel zu streichen. Von Beton umgebene Eisen- und Stahlteile gelten als gegen Rost geschützt.

Vor dem Aufbringen des Rostschutzes sind Stahlmaste sorgfältig zu entrosten.

Ist bei quadratischen Gittermasten die Mittelkraft aus Leitungszügen und Winddruck einer Mastseite nicht parallel, so muß sie in zwei zu den Mastseiten parallele Kräfte zerlegt werden. Die Eckstäbe sind für die arithmetische Summe dieser beiden Teilkräfte, die Streben für die Teilkräfte zu berechnen.

Bei Gittermasten mit rechteckigen Querschnitten ist die Berechnung für die Belastung in Richtung der längeren und der kürzeren Seite je für sich auszuführen. Eine schräg zu den Mastseiten liegende Mittelkraft ist in zwei zu den Mastseiten parallele Teilkräfte zu zerlegen. Für jede der beiden Teilkräfte ist die in den Eckstäben hervorgerufene Stabkraft zu bestimmen. Die arithmetische Summe dieser Stabkräfte ergibt die Kraft, für welche die Eckstäbe zu berechnen sind. Die Streben sind für die Teilkraft zu berechnen, die der betreffenden Mastseite parallel läuft.

Für die Berechnung der Gittermaste auf Verdrehung sind folgende Formeln anzuwenden:

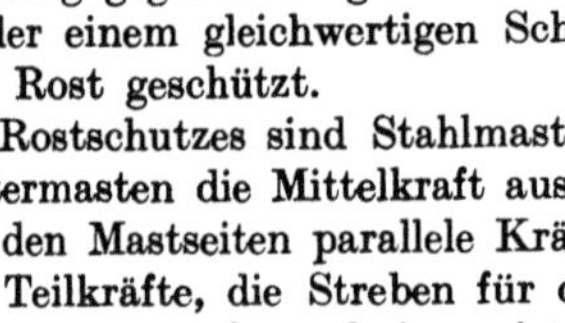

$$M_d = Z\left(l + \frac{a}{2}\right);$$

$$C_1 = \frac{M_d}{2a} + \frac{Z}{2};$$

$$C_2 = C_3 = \frac{M_d}{2b};$$

$$C_4 = \frac{M_d}{2a} - \frac{Z}{2}.$$

Abb. 3.

Auszug aus den „Vorschriften für den Bau von Starkstrom-Freileitungen" V.S.F. 1930.

Diese Berechnungsart setzt voraus, daß das Verhältnis $a:b$ nicht größer als 2,0 ist, und daß waagerechte Aussteifungen in den Querträgerebenen angeordnet sind.

Die Abstände für die Anschlußniete der Streben an den Knotenpunkten sind so klein wie möglich zu bemessen.

Für sämtliche Bauteile sind Anschlußniete unter 13 mm ⌀ des geschlagenen Nietes und Stahlstärken unter 4 mm, außerdem Schenkelbreiten unter 35 mm und Flachstahl unter 30 mm Breite unzulässig, sofern sie durch einen Niet geschwächt sind.

Die größtzulässigen Durchmesser der geschlagenen Niete und die größtzulässigen Gewindestärken mechanisch beanspruchter Schrauben sind durch die Schenkelbreiten bestimmt und der folgenden Aufstellung zu entnehmen:

Mindestschenkelbreiten in mm	35	40	45	50	60	70	75	80
Nietdurchmesser in mm	13	14	16	17	20	23	26	29
Zulässige Gewindedurchmesser	$1/2''$	$1/2''$	$5/8''$	$5/8''$	$3/4''$	$7/8''$	$1''$	$1\,1/8''$

Kleinere Gewindedurchmesser als $1/2''$ sind für mechanisch beanspruchte Schrauben unzulässig. Schraubenmuttern müssen gegen Lockern gesichert werden, z. B. durch Körner- oder Meißelschlag.

Zulässige Spannungen. § 24.

Die zulässigen Spannungen für die Bauteile aus Stahl ergeben sich aus der folgenden Zusammenstellung:

Flußstahl St. 37/12. Normalgüte	Normalbelastung kg/cm²	Für Verdrehen kg/cm²
Zug, Druck und Biegung σ_{zul}	1600	2000
Zugspannung von gedrehten Schraubenbolzen	1200	1500
Zugspannung von gewöhnlichen (rohen) Schraubenbolzen	900	1100
Scherspannung der Niete und eingepaßten Schraubenbolzen	1280	1600
Scherspannung der rohen Schraubenbolzen	1000	1280
Lochleibungsdruck der Niete und eingepaßten Schraubenbolzen	4000	5000
Lochleibungsdruck der rohen Schraubenbolzen	2500	3100

Bei gedrehten und bei rohen Schrauben ist für die Zugspannung der Kernquerschnitt maßgebend. Bei Baugliedern, die auf Zug oder Biegung beansprucht werden, ist die Schwächung des Querschnittes durch Bohrung zu berücksichtigen. Bei Ermittlung der Zugspannung von ausgeklinkten Streben aus Winkelstahl ist nur der Querschnitt des genieteten Schenkels nach Abzug der Schwächung durch Bohrung in Rechnung zu setzen. Für die Scherspannung und den Lochleibungsdruck gilt bei Nieten und eingepaßten Schraubenbolzen der Bohrungsdurchmesser, bei rohen Schrauben der Schaftdurchmesser.

Für Armaturen, Isolatorstützen u. dgl. aus St. 48 oder St Si sind folgende Spannungen zulässig:

	Bei St. 48 kg/cm²	Bei St Si kg/cm²
Zug, Druck und Biegung σ_{zul}	2080	2400
Zugspannung von gedrehten Schraubenbolzen	1560	1800
Zugspannung von gewöhnlichen (rohen) Schraubenbolzen	1170	1350
Scherspannung der eingepaßten Schraubenbolzen	1660	1920
Scherspannung der rohen Schraubenbolzen	1300	1500
Lochleibungsdruck der eingepaßten Schraubenbolzen	5200	6000
Lochleibungsdruck der rohen Schraubenbolzen	3250	3750

Bei der Berechnung von Druckstäben gilt als freie Knicklänge l die Länge der Netzlinie des Stabes. Bei sich kreuzenden Stäben, von denen der eine Druck und der andere Zug erhält, ist der Kreuzungspunkt als ein in der Trägerebene und senkrecht dazu festliegender Punkt anzunehmen, falls die sich kreuzenden Stäbe in ihm ordnungsgemäß miteinander verbunden sind. Die Enden der freien Knicklänge sind als gelenkig geführt anzusehen.

Die Stabkraft S eines Druckstabes ist mit der Knickzahl ω zu multiplizieren. Daher $\frac{S \cdot \omega}{F} \leq \sigma_{zul}$.

Hierin ist F = Stabquerschnitt ohne Nietlochabzug.

Für die verschiedenen Schlankheitsgrade von Stäben aus Flußstahl ist ω aus nebenstehender Tabelle zu entnehmen. Zwischenwerte sind geradlinig einzuschalten.

In der Tabelle bedeuten: $\lambda = \frac{l}{i}$, wobei $i = \sqrt{\frac{J}{F}}$.

J = zugehöriges Trägheitsmoment des ungeschwächten Stabes.

F = Querschnitt des ungeschwächten Stabes.

λ	ω	$\frac{\Delta\omega}{\Delta\lambda}$	λ	ω	$\frac{\Delta\omega}{\Delta\lambda}$
0	1,00	—	130	4,00	0,060
10	1,01	0,001	140	4,63	0,063
20	1,02	0,001	150	5,32	0,069
30	1,05	0,003	160	6,05	0,073
40	1,10	0,005	170	6,83	0,078
50	1,17	0,007	180	7,66	0,083
60	1,26	0,009	190	8,53	0,087
70	1,39	0,013	200	9,46	0,093
80	1,59	0,020	210	10,43	0,097
90	1,88	0,029	220	11,44	0,101
100	2,36	0,048	230	12,51	0,107
110	2,86	0,050	240	13,62	0,111
120	3,40	0,054	250	14,78	0,116

Hierbei ist: Elastizitätsmodul $E = 2100000$ kg/cm²; Streckgrenze $\sigma_S = 2400$ kg/cm². Bei mehrteiligen Druckstäben ist das Trägheitsmoment der werkstofffreien Achse um mindestens 10% größer als das Trägheitsmoment der Werkstoffachse zu wählen. Hierbei ist größte Knicklänge des Einzelprofils $l_1 = 30 \cdot i_{min}$.

Fundierung der Maste. § 27.

Gittermaste müssen Betonfundamente, Plattenfüße oder Druckplatten erhalten, die so groß bemessen sind, daß die Bodenpressung den jeweils zulässigen Wert nicht überschreitet. Holzschwellen sind gegen Fäulnis zu schützen. Mastanker sind nicht zulässig.

Berechnung der Fundierung. §§ 28 und 29.

Die Fundamente sind nach Fröhlich, Beitrag zur Berechnung von Mastfundamenten, 2. Aufl. Berlin: W. Ernst & Sohn, zu berechnen. Außerdem sind die inneren Spannungen zu berücksichtigen bei außergewöhnlich großen Fundamenten, bei denen die Auskragungen der Fußplatte größer als ihre Stärke sind. Die Berechnung nach Fröhlich setzt voraus, daß die Fundamente allseitig von gutem Boden umgeben sind. Hierbei ist anzunehmen:

Eigengewicht des Betons höchstens	2000 kg/m³
Eigengewicht des bewehrten Betons höchstens	2200 „
Das Gewicht des auflastenden Erdreiches im Mittel	1600 „

Für die Ausführung ist anzunehmen: Auf 1 Raumteil guten Zement höchstens 9 Raumteile sandiger Kies, oder 4 Raumteile reiner Sand und 8 Raumteile Kies oder Schotter.

Bezüglich der weiteren Paragraphen wie „Besondere Bestimmungen", Kreuzungen und Parallelführungen, sowie „Erhöhte Sicherheit" und „Freileitungen mit Betriebspannungen unter 1 kV" wird auf den Text der „Vorschriften für den Bau von Starkstrom-Freileitungen V.S.F./1930" hingewiesen.

2. Wirtschaftliche Spannweite.

Es ist leicht ersichtlich, daß es für jede Leitungsstrecke eine bestimmte Spannweite geben muß, für welche die Anlagekosten am niedrigsten werden. Zu kleine Spannweiten führen zu erheblichen Mehrkosten infolge der hohen Mastanzahl. Ferner erhöht sich die Betriebssicherheit fast in demselben Verhältnis, wie die Zahl der Stützpunkte abnimmt. Es ist nun freilich wünschenswert, daß diejenige Spannweite, welche die geringsten Anlagekosten erfordert, zugleich die größte Betriebssicherheit bietet.

Um nun den Einfluß zu übersehen, welchen die Wahl einer kleineren oder größeren Spannweite auf die Anlagekosten ausübt, würde man für verschieden große Spannweiten die Gesamtkosten durchrechnen und tabellarisch zusammenstellen.

Hierbei sind die jeweiligen Preise für: Grunderwerb der Mastenstandorte, Maste und Fundamente, Isolatoren, Transport, Montage und Anstrich zu berücksichtigen. Da dieselben von den örtlichen Verhältnissen und der Zeitlage abhängen (z. B. schwankende Löhne und Materialpreise), so kann für die wirtschaftliche Spannweite keine allgemein gültige Formel aufgestellt werden. Die geringsten Anlagekosten können nur durch Rechnungsversuche der gegebenen Strecke mit den oben genannten Faktoren der gültigen Preise gefunden werden.

Nachstehende Tabelle gibt jedoch einige Näherungswerte für die wirtschaftliche Spannweite an, welche hinsichtlich der Anlagekosten und Betriebssicherheit gleich günstig sind.

Anzahl und Querschnitt der Leitungen	3 Cu 35 mm²	6 Cu 35 mm²	6 Cu 50 mm²	6 Cu 120 mm²	6 Hohlseile 25 ⌀ Cu 195 mm²
Betriebsspannung	30 kV	30 kV	50 kV	110 kV	220 kV
Größte Beanspruchung der Drähte in kg/mm²	16	16	19	19	16
Wirtschaftliche Spannweite in m	160	200	240	260	350

3. Regeln für günstige Mastkonstruktionen und Fundierung.

Für die zu wählende günstige Mastkonstruktion sind die aufzunehmenden Leitungszugkräfte maßgebend. Und zwar sind für Ortsnetze die üblichen, schmalgebauten Einständermaste und Maste aus ⌶-Eisen vorteilhaft.

Für Starkstromlinien bis etwa 100 kV sind breitgebaute Einständermaste mit massivem Betonfundament zu wählen. Hierbei ist natürlich Voraussetzung, daß die Leitungslinie nicht über Moorboden oder durch Hochwassergebiet geführt wird.

Für Linien mit höherer Spannung eignen sich nur weitgespreizte Maste mit aufgeteilten Fundamenten. Die weite Spreizung ist erforderlich, um für die Diagonalen, die aus der Verdrehung große Belastungen erhalten, nicht zu schwere Konstruktionen zu bekommen. Es werden im folgenden zuerst die am meisten vorkommenden Maste für Starkstromlinien beschrieben.

a) Günstige Konstruktion der Einständermaste.

Die Maste werden mehrschüssig konstruiert als Freiträger von möglichst gleichem Biegungswiderstande. Die einzelnen Schußlängen wähle man nach den handelsüblichen Lagerlängen der [- oder L-Eisenprofile, etwa 8 bis 12 m.

Die obere Mastbreite wird so groß, daß die größte aus Verdrehung sich ergebende Diagonalkraft von 2 Nieten je 17 mm ⌀ aufgenommen werden kann. D. h. die größte Diagonalkraft D darf höchstens $P = 2 \cdot 2{,}27 \cdot 1{,}60 = 7{,}25$ t betragen. Im 2. Schusse wird dann je 1 Niet von 20 mm ⌀ zum Anschluß der Diagonalen genügen, so daß hier Knotenbleche nicht erforderlich sind. Die Zunahme der Mastbreite wähle man zu 30 bis 60 mm/lfdm, je nach Größe der aufzunehmenden Nutzlast.

Für die so gefundene Mastbreite ergibt sich das günstigste Eckeisenprofil, wenn die Knicklänge l desselben gleich 1,25 bis 1,10mal der unteren Breite des zugehörigen Mastschusses gewählt wird. Und zwar gilt der größere Wert von 1,25 für die oberen Mastschüsse und der kleinere für die unteren.

Für Tragmaste mit Schwenkauslegern, die nicht auf Verdrehung gerechnet werden, gibt die vorgenannte Methode gleichfalls das richtige Maß für die gesuchte Mastbreite. Wenngleich hierbei die Diagonalen nur für die aus dem Winddruck auf die Leitungen sich ergebende Nutzlast zu berechnen sind.

Die Anordnung der Diagonalen bei allen L-Masten zeigt nebenstehende Abwicklung der 4 Mastwände (Abb. 4). Die Eckeisen werden hierbei für die Knicklänge l mit J_ξ berechnet.

Bei Masten für geringe Zugkräfte können die in einem Punkte zusammentreffenden beiden Diagonalen gemeinsam mit einem Niet angeschlossen werden (Abb. 5). Bei stärkeren Masten ist das nicht zulässig, weil die Niete hohe Biegungsbeanspruchung bekommen. Denn es ist mit Rücksicht auf gute Verladung wünschenswert, daß beide Diagonalen auf der Innenseite des Eckeisens angeschlossen werden.

Bei stärkeren Masten sind daher mit jedem Niet nur eine Diagonale anzuschließen (Abb. 6).

Alle Eckeisenstöße werden als Schachtelstöße ausgebildet. Damit die Winkeleisen ohne Fuge gut aufliegen, sind die Außenkanten der inneren Eckeisen der Rundung des Außenwinkels entsprechend abzurunden (Abb. 7).

Bei 3schüssigen Masten wird allgemein der untere Stoß genietet und der obere geschraubt, damit beim Verladen dieser Maste der obere Mastschuß in die beiden unteren gesteckt werden kann. Die genaue Konstruktion der Maste zeigen die Zeichnungen, die den Berechnungsbeispielen beigegeben sind.

Für die Fundierung werden Betonfundamente oder Schwellenfüße verwendet. Die Berechnung der Betonfundamente erfolgt nach den Formeln von Fröhlich[1].

Zur Schwellenfundierung werden praktisch normale Eisenbahnschwellen von 16×26 cm Querschnitt und 2,60 m Länge oder in halber Länge von 1,30 m verwendet. Bei der Bemessung des Schwellenfußes wähle man die Standsicherheit des Mastes zu 1,30 bis 1,50fach bei etwa 1,50 bis 2,00 kg/cm² Flächendruck auf das Erdreich.

Berechnungsbeispiele für Beton- und Schwellenfundamente siehe Teil II.

Die vorstehenden Ausführungen gelten auch für schmalgebaute Einständermaste für Ortsnetze.

b) Günstige Konstruktion für breitgespreizte Maste für Höchstspannungsleitungen.

Hiermit sind die Maste zum Tragen der Hohlseile für Spannungen von etwa 220 kV gemeint. Die obere Mastbreite wähle man — wegen der großen Kräfte aus Verdrehung —

---

[1] Fröhlich: Beitrag zur Berechnung von Mastfundamenten, 2. Aufl. Berlin: Wilh. Ernst & Sohn.

etwa 2,00 bis 2,60 m, die Zunahme der Mastbreite zu 160 bis 240 mm/lfdm. Für die Wandglieder wähle man Doppeldiagonalen, d. h. in jedem Felde der 4 Mastseiten je 1 Zug- und Druckdiagonale. Die Knicklänge der Eckeisen wird durch horizontale Riegel begrenzt, die durch die Schnittpunkte der Diagonalkreuze gehen. Bei diesen Konstruktionen ergeben sich untere Mastbreiten von ca. 6,00 m, je nach der erforderlichen Masthöhe.

Bei diesen großen Breiten werden aufgeteilte Fundamente angeordnet, d. h., jedes Eckeisen erhält einen besonderen Fundamentklotz. Derselbe ist für die größten, im unteren Eckeisen auftretenden Zug- und Druckkräfte zu berechnen. Hierbei ist das Eigengewicht des Betonklotzes und das etwa auf den Absätzen des Klotzes auflagernde Erdreich gleich dem 1,50fachen der größten Zugkraft des Eckeisens zu wählen. Für die Übertragung der Drucklast ist die Sohle des Fundamentes für einen Flächendruck von 1,50 bis 2,50 kg/cm² zu wählen.

Bei Masten bis etwa 6,00 m Fußbreite kann angenommen werden, daß der auf die beiden Diagonalen eines Feldes wirkende Winddruck von der straff gespannten Zugdiagonale aufgenommen wird.

Bei größeren Mastbreiten dagegen sind die Riegel außer für die axialen Druckkräfte aus der Knickbelastung der Eckeisen für die Biegungsbeanspruchung aus Winddruck auf die beiden Diagonalen und den Riegel selbst zu bemessen.

Die axiale Stabkraft der Riegel beträgt nach Vianello[1]

$$R = \frac{F}{11} \cdot \frac{k_z}{3100} \text{ in t;}$$

hierin bedeutet: F = Querschnitt des Eckeisens in kg/cm²,
k_z = zulässige Zugbeanspruchung in kg/cm²,
3100 = Quetschgrenze des Flußeisens,
11 = Unveränderliche.

Das Gesamtmoment eines prismatischen Stabes, der auf Druck und Biegung beansprucht wird, berechnet sich nach Vianello[2]

$$M_{max} = M_d \cdot \frac{5 \cdot n - 1}{5(n-1)} + M_r \cdot \frac{n}{n-1};$$

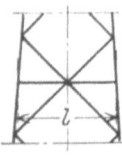

Abb. 8.

hierin bedeutet: M_d = Moment aus Winddruck auf die Diagonale,
M_r = Moment aus Winddruck auf den Riegel,
n = vorhandene Knicksicherheit des Riegels unter der Drucklast R für die Achse 1—1 und ganze Länge l. (Abbildung 8 und 9.)

Abb. 9.

Die größte Beanspruchung des Riegels beträgt:

$$k_{max} = \frac{R}{F_{br}} + \frac{M_{max}}{W_1};$$

W_1 = Widerstandsmoment des Riegels bezogen auf die Achse 1—1.

Bei der großen Breite dieser Maste können nur je 2 Mastseiten in der Werkstatt vernietet werden, wenn ihre Breite nicht das größte Verlademaß überschreitet. Sonst sind alle Stäbe für den Versand zu bündeln und auf Montage zu verschrauben.

Gleichfalls können die Gurtungen der Querträger nur soweit vernietet werden, wie sie das größte Verlademaß nicht überschreiten.

Für die Verschraubung der Konstruktion — soweit sie nicht vernietet werden kann — werden im allgemeinen gewöhnliche (rohe) Schraubenbolzen verwendet, weil es hierbei üblich ist, die Schraubenlöcher zu stanzen. Nur zur Übertragung größerer Kräfte werden zweckmäßig gedrehte Schraubenbolzen verwendet. In diesem Falle sind jedoch dafür die Schraubenlöcher zu bohren und die Bolzen einzupassen.

4. Ermittlung der Durchhänge. §8.

Der Durchhang der Leitungen ist so zu bemessen, daß die nach § 7 zulässige Höchstzugspannung nicht überschritten wird.

Zum Gewicht der Leitung ist eine Zusatzlast für normale Fälle mit dem Wert $180 \cdot \sqrt{d}$ in g für 1 m Leitungslänge — in Richtung der Schwerkraft wirkend — anzunehmen. Hierin ist d der Nennwert des Leitungsdurchmessers in Millimetern.

---

[1] Eisenbau 1905, S. 434.   [2] Eisenbau 1905, S. 90.

Ermittlung der Durchhänge.

In Gegenden, in denen nachweislich größere Zusatzlasten als die normale regelmäßig aufzutreten pflegen, sind Höchstzugspannung und Spannweite so zu wählen, daß bei eindrähtigen Leitungen das 4fache, bei Seilen das 2fache der größeren Zusatzlast den Werkstoff höchstens bis zur Dauerzugfestigkeit beansprucht.

Die in § 7 angegebene Höchstzugspannung darf bei der regelmäßig zu erwartenden größeren Zusatzlast nicht überschritten werden. Als größter Durchhang gilt der größere der Werte, die sich für $-5°$ mit Zusatzlast oder für $+40°$ ohne Zusatzlast ergeben.

Werden Leitungen verschiedenen Querschnittes oder Werkstoffes an einem Gestänge verlegt, so ist bei der Wahl des Durchhanges auf die größere Gefahr des Zusammenschlagens der Leitungen Rücksicht zu nehmen. (Abstände der Leitungen voneinander größer als normal wählen.)

Für die Durchhangsberechnung gelten die auf dieser Seite angegebenen Festwerte der Leitungswerkstoffe, die Zusatz- und Gesamtlasten, sowie die Faktoren für die kritische Spannweite. Hierbei ist zu beachten, daß bei allen Spannweiten, die größer sind als x_p, die größte Leitungsbeanspruchung bei $-5°$ und Zusatzlast auftritt. Dagegen bei allen Spannweiten, die kleiner sind als x_p, bei $-20°$ ohne Zusatzlast.

Daher sind in der Temperaturgleichung t der folgenden Seite die Werte δ_0^2 und t_0

bei Spannweiten $> x_p$ mit δ_0^2 und -5,

bei Spannweiten $\leq x_p$ mit δ^2 und -20 einzusetzen.

Die Werte für x_p sind durch Multiplikation der in Tabelle 4 angegebenen Faktoren mit der Höchstzugspannung des Seiles p_0 in kg/cm² zu finden.

1. Festwerte der Leitungswerkstoffe.

	Kupfer	Bronze Bz I Din VDE 8300	Bronze Bz II Din VDE 8300	Bronze Bz III Din VDE 8300	Aluminium	Stahlaluminium nach § 6 a	Stahl, verzinkt, mit einer Prüffestigkeit von				
							40 kg/mm²	70 kg/mm²	120 kg/mm²	150 kg/mm²
Eigengewicht δ in kg/cm³	$8,9 \cdot 10^{-3}$	$8,9 \cdot 10^{-3}$	$8,65 \cdot 10^{-3}$	$8,65 \cdot 10^{-3}$	$2,70 \cdot 10^{-3}$	$3,45 \cdot 10^{-3}$	$7,80 \cdot 10^{-3}$	$7,80 \cdot 10^{-3}$	$8,0 \cdot 10^{-3}$	$8,0 \cdot 10^{-3}$
Wärmedehnungszahl ϑ für 1°	$1,7 \cdot 10^{-5}$	$1,7 \cdot 10^{-5}$	$1,66 \cdot 10^{-5}$	$1,66 \cdot 10^{-5}$	$2,3 \cdot 10^{-5}$	$1,918 \cdot 10^{-5}$	$1,23 \cdot 10^{-5}$	$1,1 \cdot 10^{-5}$	$1,1 \cdot 10^{-5}$	$1,1 \cdot 10^{-5}$
Elast. Dehnungszahl α in cm²/kg	$\frac{1}{1,3 \cdot 10^6}$	$\frac{1}{1,3 \cdot 10^6}$	$\frac{1}{1,3 \cdot 10^6}$	$\frac{1}{1,3 \cdot 10^6}$	$\frac{1}{0,56 \cdot 10^6}$	$\frac{1}{0,745 \cdot 10^6}$	$\frac{1}{1,92 \cdot 10^6}$	$\frac{1}{1,96 \cdot 10^6}$	$\frac{1}{2,00 \cdot 10^6}$	$\frac{1}{2,00 \cdot 10^6}$
Dauerzugfestigkeit in kg/mm²	34	52	52	70	12	—	40	70	120	150
Prüffestigkeit in kg/mm²	40	64	—	—	18	—				

2. Zusatz- und Gesamtlast.

Gesamtlast $\delta_0 = 180 \cdot \sqrt{d} + \delta$ in kg/cm³

Seilquerschnitt		Seildurchmesser d mm	Drahtzahl	Zusatzlast $180 \cdot \sqrt{d}$ kg/cm³	Kupfer	Bronze Bz I	Bronze Bz II	Bronze Bz III	Aluminium	Stahl, verzinkt, mit einer Prüffestigkeit von			
Nennwert mm²	Istwert mm²									40 kg/mm²	70 kg/mm²	120 kg/mm²	150 kg/mm²
10	10	4,1	7	$36,45 \cdot 10^{-3}$	$45,35 \cdot 10^{-3}$	$45,35 \cdot 10^{-3}$	$45,10 \cdot 10^{-3}$	$45,10 \cdot 10^{-3}$	—	—	—	—	—
16	15,9	5,1	7	$25,57 \cdot 10^{-3}$	$34,47 \cdot 10^{-3}$	$34,47 \cdot 10^{-3}$	$34,22 \cdot 10^{-3}$	$34,22 \cdot 10^{-3}$	—	$33,37 \cdot 10^{-3}$	$33,37 \cdot 10^{-3}$	$33,57 \cdot 10^{-3}$	$33,57 \cdot 10^{-3}$
25	24,2	6,3	7	$18,66 \cdot 10^{-3}$	$27,56 \cdot 10^{-3}$	$27,56 \cdot 10^{-3}$	$27,31 \cdot 10^{-3}$	$27,31 \cdot 10^{-3}$	—	$26,46 \cdot 10^{-3}$	$26,46 \cdot 10^{-3}$	$26,66 \cdot 10^{-3}$	$26,66 \cdot 10^{-3}$
35	34	7,5	7	$14,50 \cdot 10^{-3}$	$23,40 \cdot 10^{-3}$	$23,40 \cdot 10^{-3}$	$23,15 \cdot 10^{-3}$	$23,15 \cdot 10^{-3}$	$21,36 \cdot 10^{-3}$	$22,30 \cdot 10^{-3}$	$22,30 \cdot 10^{-3}$	$22,50 \cdot 10^{-3}$	$22,50 \cdot 10^{-3}$
50	49	9,0	7	$11,02 \cdot 10^{-3}$	$19,92 \cdot 10^{-3}$	$19,92 \cdot 10^{-3}$	$19,67 \cdot 10^{-3}$	$19,67 \cdot 10^{-3}$	$17,20 \cdot 10^{-3}$	$18,82 \cdot 10^{-3}$	$18,82 \cdot 10^{-3}$	$19,02 \cdot 10^{-3}$	$19,02 \cdot 10^{-3}$
50	48	9,0	19	$11,25 \cdot 10^{-3}$	$20,15 \cdot 10^{-3}$	$20,15 \cdot 10^{-3}$	$19,90 \cdot 10^{-3}$	$19,90 \cdot 10^{-3}$	$13,72 \cdot 10^{-3}$	$19,05 \cdot 10^{-3}$	$19,05 \cdot 10^{-3}$	$19,25 \cdot 10^{-3}$	$19,25 \cdot 10^{-3}$
70	66	10,5	19	$8,84 \cdot 10^{-3}$	$17,74 \cdot 10^{-3}$	$17,74 \cdot 10^{-3}$	$17,49 \cdot 10^{-3}$	$17,49 \cdot 10^{-3}$	$13,95 \cdot 10^{-3}$	$16,64 \cdot 10^{-3}$	$16,64 \cdot 10^{-3}$	$16,84 \cdot 10^{-3}$	$16,84 \cdot 10^{-3}$
95	93	12,5	19	$6,84 \cdot 10^{-3}$	$15,74 \cdot 10^{-3}$	$15,74 \cdot 10^{-3}$	$15,49 \cdot 10^{-3}$	$15,49 \cdot 10^{-3}$	$11,54 \cdot 10^{-3}$	$14,64 \cdot 10^{-3}$	$14,64 \cdot 10^{-3}$	$14,84 \cdot 10^{-3}$	$14,84 \cdot 10^{-3}$
120	117	14,0	19	$5,76 \cdot 10^{-3}$	$14,66 \cdot 10^{-3}$	$14,66 \cdot 10^{-3}$	$14,41 \cdot 10^{-3}$	$14,41 \cdot 10^{-3}$	$9,54 \cdot 10^{-3}$	$13,56 \cdot 10^{-3}$	$13,56 \cdot 10^{-3}$	$13,76 \cdot 10^{-3}$	$13,76 \cdot 10^{-3}$
150	147	15,8	19	$4,87 \cdot 10^{-3}$	$13,77 \cdot 10^{-3}$	$13,77 \cdot 10^{-3}$	$13,52 \cdot 10^{-3}$	$13,52 \cdot 10^{-3}$	$8,46 \cdot 10^{-3}$	$12,67 \cdot 10^{-3}$	$12,67 \cdot 10^{-3}$	$12,87 \cdot 10^{-3}$	$12,87 \cdot 10^{-3}$
185	182	17,5	37	$4,14 \cdot 10^{-3}$	$13,04 \cdot 10^{-3}$	$13,04 \cdot 10^{-3}$	$12,79 \cdot 10^{-3}$	$12,79 \cdot 10^{-3}$	$7,57 \cdot 10^{-3}$	$11,94 \cdot 10^{-3}$	$11,94 \cdot 10^{-3}$	$12,14 \cdot 10^{-3}$	$12,14 \cdot 10^{-3}$
240	228	19,6	37	$3,50 \cdot 10^{-3}$	$12,40 \cdot 10^{-3}$	$12,40 \cdot 10^{-3}$	$12,15 \cdot 10^{-3}$	$12,15 \cdot 10^{-3}$	$6,84 \cdot 10^{-3}$	$11,30 \cdot 10^{-3}$	$11,30 \cdot 10^{-3}$	$11,50 \cdot 10^{-3}$	$11,50 \cdot 10^{-3}$
240	243	20,3	61	$3,34 \cdot 10^{-3}$	$12,24 \cdot 10^{-3}$	$12,24 \cdot 10^{-3}$	$11,99 \cdot 10^{-3}$	$11,99 \cdot 10^{-3}$	$6,04 \cdot 10^{-3}$	$11,14 \cdot 10^{-3}$	$11,14 \cdot 10^{-3}$	$11,34 \cdot 10^{-3}$	$11,34 \cdot 10^{-3}$
300	299	22,5	61	$2,85 \cdot 10^{-3}$	$11,75 \cdot 10^{-3}$	$11,75 \cdot 10^{-3}$	$11,50 \cdot 10^{-3}$	$11,50 \cdot 10^{-3}$	$5,55 \cdot 10^{-3}$	$10,65 \cdot 10^{-3}$	$10,65 \cdot 10^{-3}$	$10,85 \cdot 10^{-3}$	$10,85 \cdot 10^{-3}$

Allgemeine Grundlagen der Berechnung.

3. Stahl-Aluminium-Seile (nach § 6a).

Seil-Nr.	Gesamtquerschnitt mm²	Seildurchmesser d mm	Zusatzlast $180 \cdot \sqrt{d}$ kg/cm³	Gesamtlast δ_0 kg/cm³	Faktor für die kritische Spannweite
35	73,3	11,3	$8,25 \cdot 10^{-3}$	$11,70 \cdot 10^{-3}$	7,43
50	105,1	13,5	$6,28 \cdot 10^{-3}$	$9,73 \cdot 10^{-3}$	9,13
70	143,5	15,8	$4,97 \cdot 10^{-3}$	$8,42 \cdot 10^{-3}$	10,81
95	193,7	18,3	$3,98 \cdot 10^{-3}$	$7,43 \cdot 10^{-3}$	12,62
120	244,9	20,6	$3,34 \cdot 10^{-3}$	$6,79 \cdot 10^{-3}$	14,20
150	309,3	23,1	$2,80 \cdot 10^{-3}$	$6,25 \cdot 10^{-3}$	15,94
185	382,9	25,7	$2,38 \cdot 10^{-3}$	$5,83 \cdot 10^{-3}$	17,67
240	491,7	29,1	$1,98 \cdot 10^{-3}$	$5,43 \cdot 10^{-3}$	19,81

4. Faktor für die kritische Spannweite.

Seilquerschnitt Nennwert mm²	Seilquerschnitt Istwert mm²	Kupfer	Bronze Bz I	Bronze Bz II	Bronze Bz III	Aluminium	Stahl, verzinkt, mit einer Prüffestigkeit von 40 kg/mm²	70 kg/mm²	120 kg/mm²	150 kg/mm²
10	10	1,76	1,76	1,75	1,75	—	—	—	—	—
16	15,9	2,35	2,35	2,33	2,33	—	2,07	1,94	1,93	1,93
25	24,2	3,00	3,00	2,99	2,99	4,29	2,65	2,49	2,47	2,47
35	34	3,61	3,61	3,61	3,61	5,36	3,21	3,01	2,99	2,99
50/7	49	4,39	4,39	4,38	4,38	6,76	3,92	3,68	3,64	3,64
50/19	48	4,33	4,33	4,33	4,33	6,65	3,87	3,62	3,59	3,59
70	66	5,10	5,10	5,11	5,11	8,11	4,56	4,28	4,25	4,25
95	93	6,02	6,02	6,03	6,03	9,94	5,40	5,08	5,04	5,04
120	117	6,70	6,70	6,71	6,71	11,35	6,05	5,67	5,62	5,62
150	147	7,46	7,46	7,46	7,46	12,87	6,71	6,30	6,24	6,24
185	182	8,19	8,19	8,21	8,21	14,49	7,40	6,96	6,89	6,89
240/37	228	9,06	9,06	9,06	9,06	16,31	8,20	7,70	7,62	7,62
240/61	243	9,29	9,29	9,31	9,31	16,85	8,43	7,91	7,83	7,83
300	299	10,20	10,20	10,24	10,24	18,78	9,25	8,68	8,59	8,59

Faktor für die kritische Spannweite $x_p = p_0 \cdot \sqrt{24\,\vartheta \cdot \dfrac{(t_0 - t)}{\delta_0^2 - \delta^2}}$; hierin ist $t_0 = -5$; $t = -20$. Somit $x_p = p_0 \cdot \sqrt{24 \cdot \vartheta \cdot \dfrac{15}{\delta_0^2 - \delta^2}}$.

Grundgleichungen zur Berechnung des Durchhangs [1].

1. Für Leitungen an Hängeketten und auf Stützenisolatoren.

Temperaturgleichung: $t = \dfrac{\delta^2}{24\,\vartheta} \cdot \dfrac{x^2}{p^2} - \dfrac{\alpha}{\vartheta} \cdot p - \dfrac{\delta_0^2}{24\,\vartheta} \cdot \dfrac{x^2}{p_0^2} + \dfrac{\alpha}{\vartheta} \cdot p_0 + t_0$;

Durchhangsgleichung: $f = \dfrac{\delta \cdot x^2}{8 \cdot p} + \dfrac{\delta^3 \cdot x^4}{384 \cdot p^3}$.

Hierin bedeuten: δ, ϑ, α und δ_0 die in den Tabellen 1 bis 4 angegebenen Werte, t die obwaltende Temperatur, t_0 die Ausgangstemperatur, x die Spannweite in cm, f den Leitungsdurchhang in cm, p die Seilspannung in kg/cm² bei der Temperatur t, p_0 die Höchstzugspannung.

Mit den Festwerten der Tabelle 1 ergeben sich für:

1. **Kupfer:** $t = 0{,}194 \cdot \dfrac{x^2}{p^2} - 0{,}0452 \cdot p - 2451 \cdot \dfrac{\delta_0^2}{p_0^2} \cdot x^2 + 0{,}0452 \cdot p_0 + t_0$;

   $f = \dfrac{0{,}0089 \cdot x^2}{8 \cdot p} + \dfrac{0{,}0089^3 \cdot x^4}{384 \cdot p^3}$.

2. **Bronze Bz I:** $t = 0{,}194 \cdot \dfrac{x^2}{p^2} - 0{,}0452 \cdot p - 2451 \cdot \dfrac{\delta_0^2}{p_0^2} \cdot x^2 + 0{,}0452 \cdot p_0 + t_0$;

   $f = \dfrac{0{,}0089 \cdot x^2}{8 \cdot p} + \dfrac{0{,}0089^3 \cdot x^4}{384 \cdot p^3}$.

3. **Bronze Bz II:** $t = 0{,}188 \cdot \dfrac{x^2}{p^2} - 0{,}0464 \cdot p - 2510 \cdot \dfrac{\delta_0^2}{p_0^2} \cdot x^2 + 0{,}0464 \cdot p_0 + t_0$;

   $f = \dfrac{0{,}00865 \cdot x^2}{8 \cdot p} + \dfrac{0{,}00865^3 \cdot x^4}{384 \cdot p^3}$.

[1] Vgl. ETZ 1928, S. 208 ff. Mitteilungen aus dem Telegraphentechn. Reichsamt.

Ermittlung der Durchhänge.

4. **Bronze Bz III:**
$$t = 0{,}188 \cdot \frac{x^2}{p^2} - 0{,}0464 \cdot p - 2510 \cdot \frac{\delta_0^2}{p_0^2} \cdot x^2 + 0{,}0464 \cdot p_0 + t_0;$$
$$f = \frac{0{,}00865 \cdot x^2}{8 \cdot p} + \frac{0{,}00865^3 \cdot x^4}{384 \cdot p^3}.$$

5. **Aluminium:**
$$t = 0{,}0132 \cdot \frac{x^2}{p^2} - 0{,}0776 \cdot p - 1811 \cdot \frac{\delta_0^2}{p_0^2} \cdot x^2 + 0{,}0776 \cdot p_0 + t_0;$$
$$f = \frac{0{,}0027 \cdot x^2}{8 \cdot p} + \frac{0{,}0027^3 \cdot x^4}{384 \cdot p^3}.$$

6. **Stahlaluminium (nach §6a):**
$$t = 0{,}0259 \cdot \frac{x^2}{p^2} - 0{,}070 \cdot p - 2172 \cdot \frac{\delta_0^2}{p_0^2} \cdot x^2 + 0{,}070 \cdot p_0 + t_0;$$
$$f = \frac{0{,}00345 \cdot x^2}{8 \cdot p} + \frac{0{,}00345^3 \cdot x^4}{384 \cdot p^3}.$$

7. **Stahl mit 40 kg/mm²:**
$$t = 0{,}206 \cdot \frac{x^2}{p^2} - 0{,}0423 \cdot p - 3388 \cdot \frac{\delta_0^2}{p_0^2} \cdot x^2 + 0{,}0423 \cdot p_0 + t_0;$$
$$f = \frac{0{,}0078 \cdot x^2}{8 \cdot p} + \frac{0{,}0078^3 \cdot x^4}{384 \cdot p^3}.$$

8. **Stahl mit 70 kg/mm²:**
$$t = 0{,}230 \cdot \frac{x^2}{p^2} - 0{,}0464 \cdot p - 3788 \cdot \frac{\delta_0^2}{p_0^2} \cdot x^2 + 0{,}0464 \cdot p_0 + t_0;$$
$$f = \frac{0{,}0078 \cdot x^2}{8 \cdot p} + \frac{0{,}0078^3 \cdot x^4}{384 \cdot p^3}.$$

9. **Stahl mit 120 kg/mm²:**
$$t = 0{,}242 \cdot \frac{x^2}{p^2} - 0{,}04545 \cdot p - 3788 \cdot \frac{\delta_0^2}{p_0^2} \cdot x^2 + 0{,}04545 \cdot p_0 + t_0;$$
$$f = \frac{0{,}008 \cdot x^2}{8 \cdot p} + \frac{0{,}008^3 \cdot x^4}{384 \cdot p^3}.$$

10. **Stahl mit 150 kg/mm²:**
$$t = 0{,}242 \cdot \frac{x^2}{p^2} - 0{,}04545 \cdot p - 3788 \cdot \frac{\delta_0^2}{p_0^2} \cdot x^2 + 0{,}04545 \cdot p_0 + t_0;$$
$$f = \frac{0{,}008 \cdot x^2}{8 \cdot p} + \frac{0{,}008^3 \cdot x^4}{384 \cdot p^3}.$$

Bei kleineren Spannweiten kann das zweite Glied der Durchhangsgleichung $\frac{\delta^3 \cdot x^4}{384 \cdot p^3}$ vernachlässigt werden, da der Einfluß sehr gering ist.

2. Für Leitungen an Abspannketten. (Abb. 10.)

Temperaturgleichung: $\quad t = \frac{\bar\delta^2}{24\vartheta} \cdot \frac{x_2^2}{p^2} - \frac{\alpha}{\vartheta} \cdot p - \frac{\bar\delta_0^2}{24\vartheta} \cdot \frac{x_2^2}{p_0^2} + \frac{\alpha}{\vartheta} \cdot p_0 + t_0;$

Durchhangsgleichung: $\quad f_t = \frac{1}{8 \cdot p}(4 \cdot g_1 \cdot l + g_2 \cdot x); \quad f_{-5+z} = \frac{1}{8 \cdot p_0}(4 \cdot g_{1,0} \cdot l + g_{2,0} \cdot x).$

Hierin ist: $\quad \bar\delta = \delta \cdot \sqrt{m+1}; \quad m = 6 \cdot \frac{l}{x_2} \cdot \left(\frac{g_1}{g_2}+1\right)^2;$

$\bar\delta_0 = \delta_0 \cdot \sqrt{m_0+1}; \quad m_0 = 6 \cdot \frac{l}{x_2} \cdot \left(\frac{g_{1,0}}{g_{2,0}}+1\right)^2;$

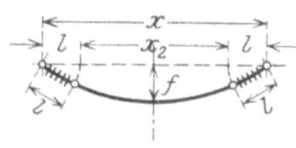

Abb. 10.

l = Länge der Isolatorenkette, $x_2 = x - 2 \cdot l; \; g_1 = \frac{G}{F}; \; g_{1,0} = \frac{G_0}{F}$ das Gewicht einer Isolatorenkette, bezogen auf 1 cm² des Leitungsquerschnitts im normalen bzw. vereisten Zustand; $g_2 = \delta \cdot x_2$; $g_{2,0} = \delta_0 \cdot x_2$, bezogen auf 1 cm² der Leitung.

3. Für Leitungen an Hängeketten und auf Stützenisolatoren an ungleich hohen Aufhängepunkten. (Abb. 11.)

Temperaturgleichung: $\quad t = \frac{\delta^2}{24\vartheta} \cdot \frac{x^2}{p^2} - \frac{\alpha}{\vartheta} \cdot p - \frac{\delta_0^2}{24\vartheta} \cdot \frac{x^2}{p_0^2} + \frac{\alpha}{\vartheta} \cdot p_0 + t_0;$

Durchhangsgleichung: $\quad f = \frac{\delta \cdot x'^2}{8 \cdot p} + \frac{\delta^3 \cdot x'^4}{384 \cdot p^3}.$

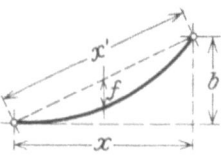

Abb. 11.

4. Für Leitungen an Abspannketten an ungleich hohen Aufhängepunkten. (Abb. 12.)

Temperaturgleichung: $\quad t = \frac{\bar\delta^2}{24\vartheta} \cdot \frac{x_2^2}{p^2} - \frac{\alpha}{\vartheta} \cdot p - \frac{\delta_0^2}{24\vartheta} \cdot \frac{x_2^2}{p_0^2} + \frac{\alpha}{\vartheta} \cdot p_0 + t_0;$

Durchhangsgleichung: $\quad f_t = \frac{1}{8 \cdot p}(4 \cdot g_1 \cdot l + g_2 \cdot x');$

$f_{-5+z} = \frac{1}{8 \cdot p_0}(4 \cdot g_{1,0} \cdot l + g_{2,0} \cdot x').$

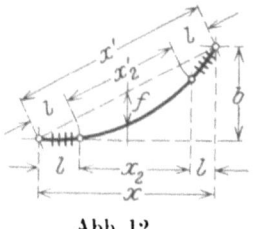

Abb. 12.

Hierin ist: $\bar\delta = \delta \cdot \sqrt{m+1}$; $m = 6 \cdot \dfrac{l}{x_2'}\left(\dfrac{g_1}{g_2}+1\right)^2$;

$\bar\delta_0 = \delta_0 \cdot \sqrt{m_0+1}$; $m_0 = 6 \cdot \dfrac{l}{x_2'}\left(\dfrac{g_{1,0}}{g_{2,0}}+1\right)^2$.

Bei Spannweiten an ungleich hohen Aufhängepunkten beträgt die größte Leitungsbeanspruchung am oberen Aufhängepunkt

$$\sigma_{0\max} = p_0 + \delta_0 \cdot \left(f + \dfrac{b}{2}\right).$$

Soll nun die Höchstzugspannung p_0 nicht überschritten werden, so ist der Einfluß $\delta_0 \cdot \left(f + \dfrac{b}{2}\right)$ in der Temperaturgleichung zu berücksichtigen, d. h. der Wert für p_0 ist mit $p_0 - \delta_0\left(f + \dfrac{b}{2}\right)$ einzusetzen. Da zur Ermittlung von $\sigma_{0\max}$ der Wert f noch nicht festliegt, kann mit genügender Genauigkeit gesetzt werden:

$$\sigma_{0\max} = p_0 - \delta_0\left(\dfrac{\delta_0 \cdot x'^2}{8 \cdot p_0} + \dfrac{b}{2}\right).$$

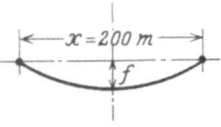

Abb. 13.

Erstes Berechnungs-Beispiel für Aufhängung an Hängeketten. (Abb. 13.)

Kupferseil 50 mm²; Spannweite $x = 200$ m.

Größte Beanspruchung der Leitung $p_0 = 19$ kg/mm².

Es werden Hängeketten verwendet.

Faktor für die kritische Spannweite siehe Tabelle S. 10 gleich 4,39; mithin $x_p = 4{,}39 \cdot 1900 = 8350$ cm. Für die vorliegende Spannweite von 20000 cm tritt demnach die größte Leitungsbeanspruchung bei $-5°$ und Zusatzlast ein.

Temperaturgleichung:

$t = 0{,}194 \cdot \dfrac{x^2}{p^2} - 0{,}0452 \cdot p - 2451 \cdot \dfrac{\delta_0^2}{p_0^2} \cdot x^2 + 0{,}0452 \cdot p_0 + t_0$;

$t = 0{,}194 \cdot 20000^2 \cdot \dfrac{1}{p^2} - 0{,}0452 \cdot p - 2451 \cdot \dfrac{0{,}01992^2}{1900^2} \cdot 20000^2 + 0{,}0452 \cdot 1900 - 5$;

$t = 77\,600\,000 \cdot \dfrac{1}{p^2} - 0{,}0452 \cdot p - 107{,}8 + 85{,}9 - 5$;

$t = 77\,600\,000 \cdot \dfrac{1}{p^2} - 0{,}0452 \cdot p - 26{,}9$.

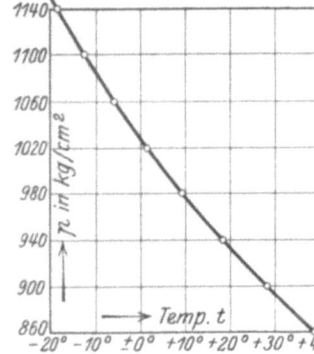

Abb. 14.

Mit $p = 860$ kg/cm² wird $t = 104{,}9 - 38{,}9 - 26{,}9 = +39{,}1°$
„ $p = 900$ „   „ $t = 95{,}8 - 40{,}7 - 26{,}9 = +28{,}2°$
„ $p = 940$ „   „ $t = 87{,}8 - 42{,}4 - 26{,}9 = +18{,}5°$
„ $p = 980$ „   „ $t = 80{,}8 - 44{,}3 - 26{,}9 = +\;9{,}6°$
„ $p = 1020$ „   „ $t = 74{,}6 - 46{,}1 - 26{,}9 = +\;1{,}6°$
„ $p = 1060$ „   „ $t = 69{,}0 - 48{,}0 - 26{,}9 = -\;5{,}9°$
„ $p = 1100$ „   „ $t = 64{,}1 - 49{,}8 - 26{,}9 = -12{,}6°$
„ $p = 1140$ „   „ $t = 59{,}7 - 51{,}5 - 26{,}9 = -18{,}7°$

Die gefundenen t-Werte werden in Abhängigkeit von p dargestellt in nebenstehender Kurve (Abb. 14).

Die Kurve ergibt für:

$t =$	$-20°$	$-10°$	$\pm 0°$	$+10°$	$+20°$	$+30°$	$+40°$ C;
$p =$	1149	1085	1028	977	932	892	855 kg/cm².

Durchhang: $f = \dfrac{0{,}0089 \cdot x^2}{8 \cdot p} + \dfrac{0{,}0089^3 \cdot x^4}{384 \cdot p^3}$; $f = \dfrac{0{,}0089 \cdot 20000^2}{8 \cdot p} + \dfrac{0{,}0089^3 \cdot 20000^4}{384 \cdot p^3}$.

Die obigen p-Werte ergeben für:

$t =$	$-20°$	$-10°$	$\pm 0°$	$+10°$	$+20°$	$+30°$	$+40°$ C;
$f =$	388	410	433	455	477	498	520 cm.

Durchhang bei $-5° + z = \dfrac{0{,}01992 \cdot 20000^2}{8 \cdot 1900} + \dfrac{0{,}01992^3 \cdot 20000^4}{384 \cdot 1900^3} = 525$ cm.

Zweites Beispiel für Aufhängung an Hängeketten. (Abb. 15.)

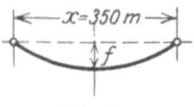

Abb. 15.

Hohlseil Kupfer 25 mm ⌀, 195 mm² Querschnitt.
Größte Beanspruchung $p_0 = 16$ kg/mm²; Spannweite $x = 350$ m.
Faktor zur Ermittlung der kritischen Spannweite siehe Tabelle S. 10 gleich 8,19.

Somit $x_p = 8,19 \cdot 1600 = 13100$ cm; folglich p_{max} bei $-5°$ und Zusatzlast.

Eigen- und Zusatzlast = 2,773 kg/lfdm. Für die Einheit $\delta_0 = \frac{2,773}{195} = 0,0142$ kg/mm².

Temperaturgleichung:

$$t = 0,194 \cdot \frac{x^2}{p^2} - 0,0452 \cdot p - 2451 \cdot \frac{\delta_0^2}{p_0^2} \cdot x^2 + 0,0452 \cdot p_0 + t_0;$$

$$t = 0,194 \cdot 35000^2 \cdot \frac{1}{p^2} - 0,0452 \cdot p - 2451 \cdot \frac{0,0142^2}{1600^2} \cdot 35000^2 + 0,0452 \cdot 1600 - 5;$$

$$t = 237650000 \cdot \frac{1}{p^2} - 0,0452 \cdot p - 236,5 + 72,3 - 5;$$

$$t = 237650000 \cdot \frac{1}{p^2} - 0,0452 \cdot p - 169,2.$$

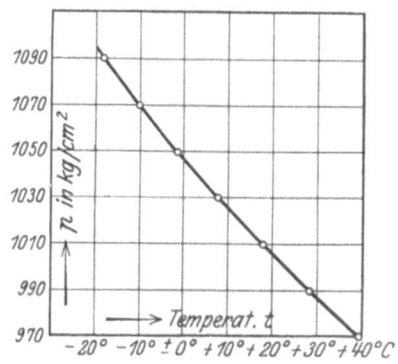

Mit $p = 1090$ kg/cm² wird $t = 200 \quad - 49,2 - 169,2 = -18,4°$C
,, $p = 1070$,, ,, $t = 207,5 - 48,4 - 169,2 = -10,1°$,,
,, $p = 1050$,, ,, $t = 215,5 - 47,5 - 169,2 = -1,2°$,,
,, $p = 1030$,, ,, $t = 224 \quad - 46,5 - 169,2 = +8,3°$,,
,, $p = 1010$,, ,, $t = 233 \quad - 45,6 - 169,2 = +18,2°$,,
,, $p = 990$,, ,, $t = 242,5 - 44,7 - 169,2 = +28,6°$,,
,, $p = 970$,, ,, $t = 252,5 - 43,8 - 169,2 = +39,5°$,,

Die gefundenen t-Werte werden in Abhängigkeit von p dargestellt in nebenstehender Kurve (Abb. 16).

Abb. 16.

Die Kurve ergibt für:

$t = -20° \quad -10° \quad \pm 0° \quad +10° \quad +20° \quad +30° \quad +40°$C;
$p = 1094 \quad 1069 \quad 1046 \quad 1026 \quad 1006 \quad 986 \quad 968$ kg/cm².

Durchhang: $f = \frac{0,0089 \cdot x^2}{8 \cdot p} + \frac{0,0089^3 \cdot x^4}{384 \cdot p^3}$; $\quad f = \frac{0,0089 \cdot 35000^2}{8 \cdot p} + \frac{0,0089^3 \cdot 35000^4}{384 \cdot p^3}$.

Die obigen p-Werte ergeben für

$t = -20° \quad -10° \quad \pm 0° \quad +10° \quad +20° \quad +30° \quad +40°$C;
$f = 1244 \quad 1273 \quad 1301 \quad 1327 \quad 1355 \quad 1381 \quad 1405$ cm.

Durchhang bei $-5° + z = \frac{0,0142 \cdot x^2}{8 \cdot p_0} + \frac{0,0142 \cdot x^4}{384 \cdot p_0^3}$;

$$f_{-5+z} = \frac{0,0142 \cdot 35000^2}{8 \cdot 1600} + \frac{0,0142^3 \cdot 35000^4}{384 \cdot 1600^3} = 1363 \text{ cm}.$$

Beispiel für Abspannketten. (Abb. 17.)

Hohlseil Kupfer 25 mm ⌀, 195 mm²; Spannweite $x = 350$ m.
Größte Beanspruchung $p_0 = 16$ kg/mm²; Doppelabspannketten $l = 2,10$ m lang und 200 kg schwer.
Faktor für die kritische Spannweite siehe Tabelle S. 10 gleich 8,19; $x_p = 8,19 \cdot 1600 = 13100$ cm.
Folglich p_0 bei $-5°$ C und Zusatzlast.
Eigen- und Zusatzlast = 2,773 kg/lfdm; $\delta_0 = \frac{2,773}{195} \approx 0,0142$ kg/mm².

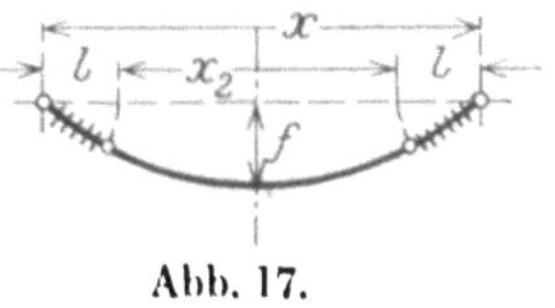

Temperaturgleichung: $t = \frac{\bar{\delta}^2}{24\vartheta} \cdot \frac{x_2^2}{p^2} - \frac{\alpha}{\vartheta} \cdot p - \frac{\bar{\delta}_0^2}{24\vartheta} \cdot \frac{x_2^2}{p_0^2} + \frac{\alpha}{\vartheta} \cdot p_0 + t_0;$

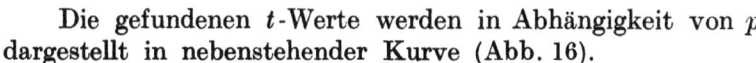

$\bar{\delta} = \delta \cdot \sqrt{m+1}; \quad m = 6 \cdot \frac{l}{x_2}\left(\frac{g_1}{g_2} + 1\right)^2;$

$\bar{\delta}_0 = \delta_0 \cdot \sqrt{m_0 + 1}; \quad m_0 = 6 \cdot \frac{l}{x_2} \cdot \left(\frac{g_{1,0}}{g_{2,0}} + 1\right)^2.$

Abb. 17.

$x_2 = 350,00 - 2 \cdot 2,10 = 345,80$ m; $\quad G_0 = 200 + 2 \cdot 2,50 \cdot 2,10 \approx 210$ kg.

$g_1 = \frac{G}{q} = \frac{200}{1,95} = 102$ kg/cm²; $\quad g_2 = \delta \cdot x_2 = 0,0089 \cdot 34580 = 308$ kg/cm²;

14 Allgemeine Grundlagen der Berechnung.

$$m = 6 \cdot \frac{l}{x_2}\left(\frac{g_1}{g_2}+1\right)^2 = 6 \cdot \frac{210}{34580}\left(\frac{102}{308}+1\right)^2 = 0{,}064; \quad \bar{\delta} = \delta \cdot \sqrt{m+1} = 0{,}0089 \cdot \sqrt{1{,}064} = 0{,}009;$$

$$g_{1,0} = \frac{G_0}{q} = \frac{210}{1{,}95} = 108 \text{ kg/cm}^2; \quad g_{2,0} = \delta_0 \cdot x_2 = 0{,}0142 \cdot 34580 = 491 \text{ kg/cm}^2;$$

$$m_0 = 6 \cdot \frac{l}{x_2}\left(\frac{g_{1,0}}{g_{2,0}}+1\right)^2 = 6 \cdot \frac{210}{34580}\left(\frac{108}{491}+1\right)^2 = 0{,}054; \quad \bar{\delta}_0 = \delta_0 \cdot \sqrt{m_0+1} = 0{,}0142 \cdot \sqrt{1{,}054} = 0{,}0146.$$

Folglich $t = \dfrac{0{,}009^2 \cdot 34580^2}{24 \cdot 0{,}000017} \cdot \dfrac{1}{p^2} - 0{,}0452 \cdot p - \dfrac{0{,}0146^2}{24 \cdot 0{,}000017} \dfrac{34580^2}{1600^2} + 0{,}0452 \cdot 1600 - 5;$

$\qquad = 237\,400\,000 \cdot \dfrac{1}{p^2} - 0{,}0452 \cdot p - 244 + 72{,}3 - 5;$

$\qquad = 237\,400\,000 \cdot \dfrac{1}{p^2} - 0{,}0452 \cdot p - 176{,}7.$

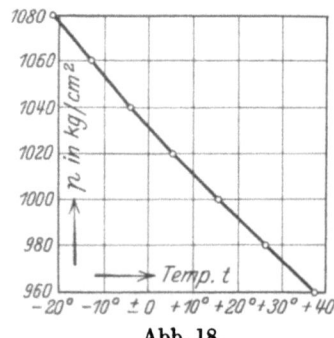

Abb. 18.

Mit $p = 1080$ kg/cm² wird $t = 203{,}6 - 48{,}8 - 176{,}7 = -21{,}9°$ C

,, $p = 1060$,, ,, $t = 211{,}4 - 48{,}0 - 176{,}7 = -13{,}3°$,,

,, $p = 1040$,, ,, $t = 219{,}4 - 47{,}0 - 176{,}7 = -4{,}3°$,,

,, $p = 1020$,, ,, $t = 228{,}2 - 46{,}1 - 176{,}7 = +5{,}4°$,,

,, $p = 1000$,, ,, $t = 237{,}4 - 45{,}2 - 176{,}7 = +15{,}5°$,,

,, $p = 980$,, ,, $t = 247{,}3 - 44{,}3 - 176{,}7 = +26{,}3°$,,

,, $p = 960$,, ,, $t = 257{,}5 - 43{,}4 - 176{,}7 = +37{,}4°$,,

Die Kurve (Abb. 18) ergibt für

$t =$	$-20°$	$-10°$	$\pm 0°$	$+10°$	$+20°$	$+30°$	$+40°$ C;
$p =$	1075	1052	1031	1011	991	973	955 kg/cm².

Durchhang $f = \dfrac{1}{8 \cdot p} \cdot (4 \cdot g_1 \cdot l + g_2 \cdot x); \quad f = \dfrac{1}{8 \cdot p}(4 \cdot 102 \cdot 210 + 308 \cdot 35000) = \dfrac{1\,358\,210}{p}.$

Die obigen p-Werte ergeben für:

$t =$	$-20°$	$-10°$	$\pm 0°$	$+10°$	$+20°$	$+30°$	$+40°$ C;
$f =$	1263	1291	1317	1343	1370	1396	1422 cm.

Durchhang bei $-5°\text{C} + z = \dfrac{1}{8 \cdot p_0}(4 \cdot g_{1,0} \cdot l + g_{2,0} \cdot x);$

$$f_{-5+z} = \frac{1}{1600 \cdot 8}(4 \cdot 108 \cdot 210 + 491 \cdot 35000) = 1349 \text{ cm}.$$

Beispiel für Abspannketten an ungleich hohen Aufhängepunkten. (Abb. 19.)

Es wird das Beispiel auf Seite 13 u. 14 zugrunde gelegt.

Der vertikale Abstand b der Aufhängepunkte beträgt 150 m.

Größte Leitungsbeanspruchung am oberen Aufhängepunkt $\sigma_{0\,max} = 16$ kg/mm².

Somit $p_0 = \sigma_{0\,max} - \delta_0\left(\dfrac{\delta_0 \cdot x'^2}{8 \cdot \sigma_0} + \dfrac{b}{2}\right) = 16{,}00 - 0{,}0142\left(\dfrac{0{,}0142 \cdot 381^2}{8 \cdot 16} + \dfrac{150}{2}\right) = 14{,}71$ kg/mm².

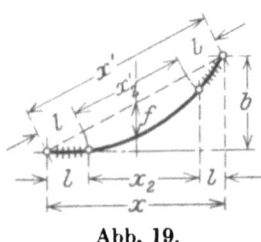

Abb. 19.

Temperaturgleichung: $t = \dfrac{\bar{\delta}^2}{24\,\vartheta} \cdot \dfrac{x_2^2}{p^2} - \dfrac{\alpha}{\vartheta} \cdot p - \dfrac{\bar{\delta}_0^2}{24\,\vartheta} \cdot \dfrac{x_2^2}{p_0^2} + \dfrac{\alpha}{\vartheta} \cdot p_0 + t_0;$

$\bar{\delta} = \delta \cdot \sqrt{m+1}; \quad m = 6\left(\dfrac{g_1}{g_2}+1\right)^2 \cdot \dfrac{l'}{x_2'};$

$\bar{\delta}_0 = \delta_0 \cdot \sqrt{m_0+1}; \quad m_0 = 6\left(\dfrac{g_{1,0}}{g_{2,0}}+1\right)^2 \cdot \dfrac{l'}{x_2'};$

$x' = \sqrt{350^2 + 150^2} = 381{,}0$ m; $\quad x'_2 = 381{,}0 - 2 \cdot 2{,}10 = 376{,}8$ m;

$x_2 = 350{,}0 - 2 \cdot 2{,}10 = 345{,}8$ m.

$m = 6\left(\dfrac{102}{308}+1\right)^2 \cdot \dfrac{210}{37680} = 0{,}0592; \quad \bar{\delta} = 0{,}0089 \cdot \sqrt{0{,}0592+1} = 0{,}009;$

$m_0 = \left(\dfrac{108}{491}+1\right)^2 \cdot \dfrac{210}{37680} = 0{,}050; \quad \bar{\delta}_0 = 0{,}0142 \cdot \sqrt{0{,}05+1} = 0{,}0145.$

Temperaturgleichung: $t = \dfrac{0{,}009^2 \cdot 34580^2}{24 \cdot 0{,}000017} \cdot \dfrac{1}{p^2} - 0{,}0452 \cdot p - \dfrac{0{,}0145^2}{24 \cdot 0{,}000017} \cdot \dfrac{34580^2}{1471^2} + 0{,}0452 \cdot 1471 - 5;$

$= 237\,400\,000 \cdot \dfrac{1}{p^2} - 0{,}0452 \cdot p - 288{,}6 + 66{,}5 - 5;$

$= 237\,400\,000 \cdot \dfrac{1}{p^2} - 0{,}0452 \cdot p - 227.$

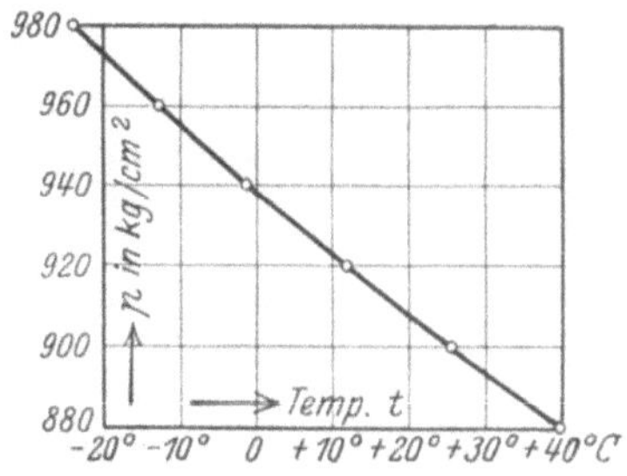

Mit $p = 980$ kg/cm² wird $t = 247{,}3 - 44{,}3 - 227 = -24{,}0°$ C
„ $p = 960$ „ „ $t = 257{,}6 - 43{,}4 - 227 = -12{,}8°$ „
„ $p = 940$ „ „ $t = 268{,}7 - 42{,}5 - 227 = -1{,}0°$ „
„ $p = 920$ „ „ $t = 280{,}5 - 41{,}5 - 227 = +12{,}0°$ „
„ $p = 900$ „ „ $t = 293{,}1 - 40{,}7 - 227 = +25{,}4°$ „
„ $p = 880$ „ „ $t = 306{,}5 - 39{,}8 - 227 = +39{,}7°$ „

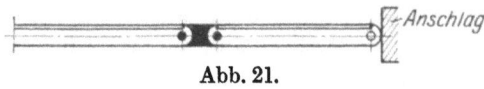

Abb. 20.

Die Kurve (Abb. 20) ergibt für:

$t = -20°\quad -10°\quad \pm 0°\quad +10°\quad +20°\quad +30°\quad +40°$ C;
$p = 972\quad 954{,}5\quad 938\quad 923\quad 908\quad 894\quad 879{,}5$ kg/cm².

Durchhang $f = \dfrac{1}{8 \cdot p}(4 \cdot g_1 \cdot l + g_2 \cdot x');\quad f = \dfrac{1}{8 \cdot p}(4 \cdot 102 \cdot 210 + 308 \cdot 38100) = \dfrac{1\,477\,560}{p}.$

Die obigen p-Werte ergeben für:

$t = -20°\quad -10°\quad \pm 0°\quad +10°\quad +20°\quad +30°\quad +40°$ C;
$f = 1520\quad 1548\quad 1575\quad 1601\quad 1627\quad 1653\quad 1679$ kg/cm².

Durchhang bei $-5° + z = \dfrac{1}{8 \cdot \sigma_0}(4 \cdot g_{1,0} \cdot l + g_{2,0} \cdot x');$

$f_{-5+z} = \dfrac{1}{8 \cdot 1471}(4 \cdot 108 \cdot 210 + 491 \cdot 38100) = 1597$ cm.

5. Wirtschaftliche Fabrikation.

Über die Bearbeitung der Maste in der Werkstatt sind in den „Vorschriften für Starkstrom-Freileitungen" keine Ausführungsregeln angegeben, wie sie für andere Konstruktionen — z. B. Brücken — in den Vertragsbedingungen aufgestellt sind.

Namentlich ist nichts darüber gesagt, ob die Niet- oder Schraubenlöcher zu bohren sind. Es ist daher im Mastenbau allgemein üblich, daß alle Nietlöcher sowie die Löcher für gewöhnliche (rohe) Schraubenbolzen gestanzt werden. Nur die Löcher für gedrehte (blanke) Schraubenbolzen, die jedoch im Mastenbau selten verwendet werden, werden gebohrt.

Abb. 21.

Alle Schnitte der Stäbe werden auf der Schere ohne weitere Bearbeitung hergestellt. Die Diagonalstäbe werden auf der kombinierten Loch- und Stanzmaschine mit einem Hub gelocht und abgeschnitten. Die gewünschte Stablänge wird hierbei erzielt durch entsprechendes Einstellen des an der Maschine vorhandenen Anschlages. Das sonst übliche Vorzeichnen der Stäbe fällt also fort. Die Maschine stanzt mit einem Hub das obenskizzierte Stück Material heraus (Abb. 21). Die auf der Schere geschnittenen Kopfbleche werden auf der Innenseite der Eckeisen vernietet, wenn an den Blechen keine Querträger anzuschließen sind. Sonst natürlich an der Außenseite der Eckeisen. Die Nietköpfe der Bleche werden außen versenkt, falls später genietete Querträger übergestreift werden sollen.

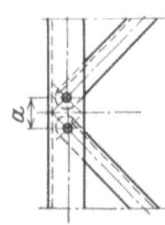

Abb. 22.

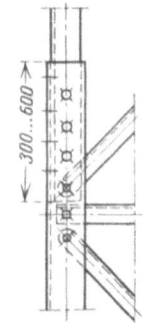

Abb. 23.

Die Nietabstände a in den Eckeisen sind so klein wie eben möglich zu wählen, damit Biegungsspannungen im Eckeisen möglichst vermieden werden (siehe nebenstehende Abb. 22). Die Stöße der Eckeisen werden vernietet oder verschraubt, je nachdem es für die Verladung der einzelnen Mastschüsse am zweckmäßigsten ist. Alle Eckeisenstöße werden als sogenannte Schachtelstöße ausgebildet (Abb. 23). Alle Niet- und Schraubenlöcher in den Stößen sind zu versetzen, da bei der Berechnung des Nutzquerschnittes des Eckeisens nur ein Nietlochquerschnitt abgezogen wird.

Alle Horizontalverbände sind lösbar zum Verschrauben eingerichtet. Die Fußrahmen-L liegen bei schmalen Masten an den Außenseiten der Eckeisen, bei breiten Masten an den Innenseiten, mit Rücksicht auf leichteres Verladen.

Die vorstehende Bearbeitung der Maste ist allgemein üblich, falls natürlich vom Besteller keine besonderen Vorschriften aufgestellt werden.

Die Ausführungen der vorgenannten Einzelheiten zeigen die den Berechnungsbeispielen beigegebenen Zeichnungen.

Maste aus [-Eisen.

Für Ortsnetze wie überhaupt für geringe Leitungszüge werden vorteilhaft Maste aus []-Eisen verwendet, falls sie nicht über 10,00 m hoch werden.

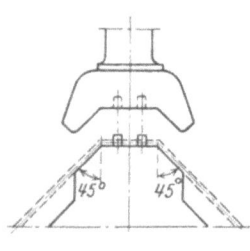

Abb. 24.

Die beiden [-Eisen werden mittels einer durchlaufenden Verstrebung miteinander verbunden. Das hierzu bestimmte Flacheisen wird im geraden Zustand vorgezeichnet und gelocht, und hiernach auf einer Biegepresse kalt gebogen. Alle Biegungen der einzelnen Felder des Flacheisens sind für einen Neigungswinkel von 45° berechnet, damit sie nacheinander auf ein und demselben Biegeklotz gebogen werden können. Die Unterbacken des Klotzes haben 2 Nocken im gleichen Abstande wie die Bohrungen im Flacheisen. Diese Nocken greifen in die Bohrung des Flacheisens und sichern dasselbe beim Biegen gegen etwaige Verschiebung. Die Biegepresse besteht im wesentlichen aus den feststehenden Unterbacken und den darüber vertikal beweglichen Oberbacken (Abb. 24). Die Auf- und Abbewegung derselben wird am besten hydraulisch bewirkt, oder die Presse kann als langsam arbeitende Kurbelpresse ausgebildet werden.

Die Ausführung der [-Maste ist aus den Zeichnungen zu ersehen, die den Berechnungsbeispielen beigegeben sind.

Die zum Spezialmastenbau erforderliche Niethalle erhält zweckmäßig im Mittelschiff eine Breite von 20 m, so daß selbst 3 schüssige Maste, quer zur Längsrichtung der Halle liegend, vernietet werden können.

Die Seitenteile der Halle, etwa 12 m breit, nehmen die Bearbeitungsmaschinen auf: Stanzen, Scheren, Bohrmaschinen und Biegepresse. Sie werden natürlich so aufgestellt, daß möglichst eine „fließende" Materialwanderung beim Bearbeiten erreicht wird. Hierbei ist besonders die Lage des Stabeisenlagers zu berücksichtigen..

Für das Mittelschiff genügt ein Laufkran von 15 t Tragkraft. Schienenoberkante der Kranbahn 7,50 m über Flur. Für das Seitenschiff ist ein Laufkran von 5 t Tragkraft erforderlich. Hier genügt ein Abstand der Kranlaufbahn vom Flur mit 5,00 m.

Die Länge der Niethalle richtet sich ganz nach der beabsichtigten Produktionsmenge.

II. Berechnungsbeispiele.

6. 50-kV-Leitung, 200 m Spannweite, mit starren Auslegern.

Statische Berechnung eines Tragmastes für 820 kg Zug; 15,00 m Länge über Erde.

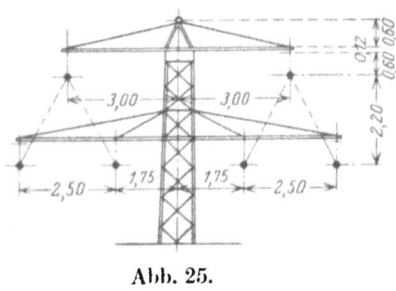

Abb. 25.

Die größten Mastabstände betragen 200 m.
Die elektrische Spannung beträgt 50 kV.
Es werden folgende Leitungen verlegt:
 1 Blitzseil Fe 35 mm² mit höchstens 22 kg/mm² Beanspruchung,
 6 Leitungen Cu 50 mm² mit höchstens 19 kg/mm² Beanspruchung.
Größter Durchhang der Leitungen bei $-5°C$ und Zusatzlast:

$$f_{5+z} = \frac{0,01992 \cdot 200^2}{8 \cdot 19} = 5,25 \text{ m}.$$

Somit Mindestabstand der Leitungen:

$$a = 0,75 \cdot \sqrt{f_{max}} + \frac{U}{150}; \quad a = 0,75 \cdot \sqrt{5,25} + \frac{50}{150} = 1,72 + 0,33 = 2,05 \text{ m}.$$

Statische Berechnung eines Tragmastes für 820 kg Zug; 15,00 m Länge über Erde.

Gewählt mit Rücksicht auf große Betriebssicherheit $a = 2,50$ m. Anordnung der Leitungen am Mastkopf siehe Abb. 25.

Die zulässigen Beanspruchungen der Bauteile sind nach den „Vorschriften für Starkstrom-Freileitungen, V.S.F. 1930" wie folgt angenommen:

Flußstahl: Zug-, Druck- und Biegungsbeanspruchung $\lessgtr 1600$ kg/cm².
Niete: Abscheren $k_s \lessgtr 1280$, Lochleibung $k_l \lessgtr 4000$ kg/cm².
Schrauben (rohe): Abscheren $k_s \lessgtr 1000$, Lochleibung $k_l \lessgtr 2500$ kg/cm².

Für Belastungen aus Verdrehung gelten folgende Beanspruchungen:

Flußstahl: Zug-, Druck- und Biegungsbeanspruchung $\lessgtr 2000$ kg/cm².
Niete: Abscheren $k_s \lessgtr 1600$, Lochleibung $k_l \lessgtr 5000$ kg/cm².
Schrauben (rohe): Abscheren $k_s \lessgtr 1280$, Lochleibung $k_l \lessgtr 3100$ kg/cm².

Erforderliche Mastlänge über Erde:
  Mindestabstand der unteren Leitungen vom Boden . . . . . = 6,50 m
  Größter Durchhang bei $-5°C + z$ . . . . = 5,25 „
  Vom Aufhängepunkt der unteren Leitung bis Mastspitze . . = 2,92 „
  Erforderliche Länge = 14,67 m
  Gewählte Mastlänge über Erde . . . . = 15,00 m

Die Belastungen aus Winddruck betragen:
  für das Blitzseil = $125 \cdot 0,5 \cdot 0,0075 \cdot 200 = \sim 100$ kg,
  für eine Leitung = $125 \cdot 0,5 \cdot 0,009 \cdot 200 = \sim 112$ kg,
dazu 8 kg Windlast auf die Isolatorenkette = 120 kg.

Die Eigen- und Eislasten betragen:
Blitzseil = $0,78 \cdot 200 \approx 160$ kg,
1 Leitung = $1,00 \cdot 200 = 200$ kg + 25 kg für Isolatorenkette = 225 kg.
Eigenlasten: Drähte, Isolatoren, Querträger und Schuß 1 = ~ 2400 kg,
Windlast auf Schuß 1 = $W_1 = 125 \cdot 1,5 \cdot 8,00 \, (2 \cdot 0,055 + 1,3 \cdot 0,045) \approx 260 + 40 = 300$ kg.

Die größten Momente nach Abb. 26:

$$M = 0,100 \cdot 8,60 = 0,860 \text{ mt}$$
$$0,240 \cdot 8,00 = 1,920 \text{ „}$$
$$0,480 \cdot 5,80 = 2,784 \text{ „}$$
$$0,300 \cdot 4,00 = 1,200 \text{ „}$$
$$M_1 = 6,764 \text{ mt}$$
$$1,120 \cdot 7,00 = 7,840 \text{ „}$$
$$0,260 \cdot 3,50 = 0,910 \text{ „}$$
$$H_{\max} = 1,380 \text{ t}; \quad M_{\max} = 15,514 \text{ mt}$$

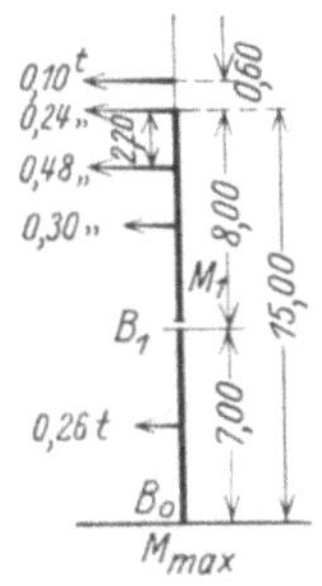

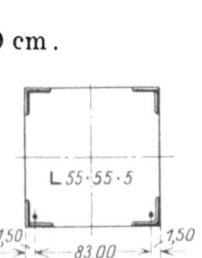

Abb. 26

$b = 540$; Neigung 40; $B_1 = 860$; $B_0 = 540 + 40 \cdot 15 + 2 \cdot 7 = 1154$ mm;

Schwerpunktsabstände der Eckeisen:

$$B_{1\xi} = 86,0 - 2 \cdot 1,50 = 83,0 \text{ cm}, \qquad B_{0\xi} = 115,4 - 2 \cdot 1,7 = 112,0 \text{ cm}.$$

Schuß 1.

Größte Gurtkräfte $\pm S_1 = \dfrac{6,764}{2 \cdot 0,83} = \sim 4,07 \mp \dfrac{2,40}{4} = \pm \dfrac{3,47}{4,67}$ t. (Abb. 27.)

Gewählt ⌐ $55 \cdot 55 \cdot 5$ mit $f = 5,32 - 1,4 \cdot 0,5 = 4,62$ cm²; $i_\xi = 1,67$ cm.

Größte Knicklänge $l = 114$ cm; $\dfrac{l}{i} = \dfrac{114}{1,67} = 68$; $\omega = 1,36$.

Größte Zugbeanspruchung $k_z = \dfrac{3,47}{4,62} \approx 0,75$ t/cm².

Größte Druckbeanspruchung $k_d = \dfrac{1,36 \cdot 4,67}{5,32} \approx 1,19$ t/cm².

Abb. 27.

Zum Anschluß an Schuß 2 gewählt 6 Schrauben $^5/_8''$ $f = 1,978$ cm².

Größte Beanspruchung: auf Abscheren $k_s = \dfrac{4,67}{6 \cdot 1,978} \approx 0,39$ t/cm².

Größte Beanspruchung: auf Lochleibung $k_l = \dfrac{4,67}{6 \cdot 1,59 \cdot 0,5} \approx 0,98$ t/cm².

Diagonalen. Dieselben werden beim Reißen eines Leitungsdrahtes am stärksten beansprucht.

Größte Zuglast einer Leitung $P = 50 \cdot 19 = 950$ kg.

Größte Ausladung der Querträger $l = 4{,}25$ m.

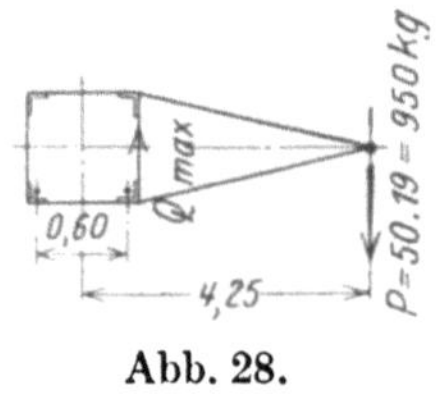

Größte Querkraft einer Mastwand:

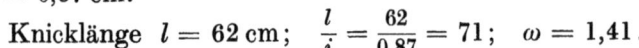

$$Q = \frac{0{,}95 \cdot 4{,}25}{2 \cdot 0{,}60} + \frac{0{,}95}{2} \approx 3{,}84 \text{ t}. \quad \text{(Abb. 28.)}$$

Abb. 28.

Für die 1. Diagonale unter dem unteren Querträger ergeben sich folgende Werte (größte Stabkraft) (Abb. 29):

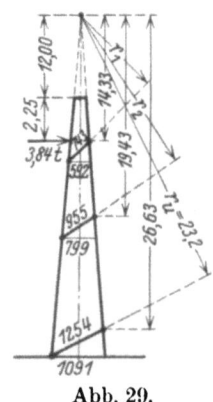

Hebelarm $r_1 = 14{,}33 \cdot \frac{592}{743} \approx 11{,}42$ m, $\quad h = \frac{480}{40} = 12{,}00$ m.

Diagonalkraft $D_1 = \frac{3{,}84 \cdot 14{,}25}{11{,}42} \approx \pm 4{,}80$ t.

Gewählt ∟ $45 \cdot 45 \cdot 5$ mit $f = 4{,}30 - 1{,}4 \cdot 0{,}5 = 3{,}60$ cm²; $i_{min} = 0{,}87$ cm.

Knicklänge $l = 62$ cm; $\quad \frac{l}{i} = \frac{62}{0{,}87} = 71; \quad \omega = 1{,}41$.

Größte Zugbeanspruchung $\quad k_z = \frac{4{,}80}{3{,}60} \approx 1{,}33$ t/cm².

Größte Druckbeanspruchung $k_d = \frac{1{,}41 \cdot 4{,}80}{4{,}30} \approx 1{,}57$ t/cm².

Diagonale im unteren Felde des 1. Schusses:

$$r_2 = 19{,}43 \cdot \frac{799}{955} \approx 16{,}25 \text{ m}; \quad D_2 = \frac{3{,}84 \cdot 14{,}25}{16{,}25} \approx 3{,}37 \text{ t};$$

$$\frac{l}{i} = \frac{83{,}5}{0{,}87} = 96; \quad \omega = 2{,}17.$$

Abb. 29.

Größte Beanspruchung $k_z = \frac{3{,}37}{3{,}60} \approx 0{,}93$ t/cm²; $\quad k_d = \frac{2{,}17 \cdot 3{,}37}{4{,}30} \approx 1{,}70$ t/cm².

Die Beanspruchungen aus der Nutzlast werden sehr gering.

Zum Anschluß gewählt je 2 Niete 14 ⌀ mit $f = 2 \cdot 1{,}539$ cm².

Größte Beanspruchung: auf Abscheren $\quad k_s = \frac{4{,}80}{2 \cdot 1{,}539} \approx 1{,}56$ t/cm².

Größte Beanspruchung: auf Lochleibung $\quad k_l = \frac{4{,}80}{2 \cdot 1{,}4 \cdot 0{,}5} \approx 3{,}43$ t/cm².

Schuß 2.

Windlast $W_2 = 125 \cdot 1{,}5 \cdot 7{,}00 \, (2 \cdot 0{,}06 + 1{,}3 \cdot 0{,}05) \approx 260$ kg.

Eigenlast $G_2 = 2400 + 400 = 2800$ kg.

Größte Gurtkräfte $\pm S_2 = \frac{15{,}514}{2 \cdot 1{,}12} \approx 6{,}94 \mp \frac{2{,}80}{4} = \pm \begin{matrix}6{,}24 \text{ t,}\\7{,}64 \text{ t.}\end{matrix}$ (Abb. 30.)

Gewählt ∟ $60 \cdot 60 \cdot 7$ mit $f = 7{,}97 - 1{,}4 \cdot 0{,}7 = 6{,}99$ cm²; $i_\xi = 1{,}80$ cm.

Größte Knicklänge $l = 134$ cm; $\quad \frac{l}{i} = \frac{134}{1{,}80} = 75; \quad \omega = 1{,}49$.

Größte Zugbeanspruchung $\quad k_z = \frac{6{,}24}{6{,}99} \approx 0{,}89$ t/cm².

Größte Druckbeanspruchung $k_d = \frac{1{,}49 \cdot 7{,}64}{7{,}97} \approx 1{,}43$ t/cm².

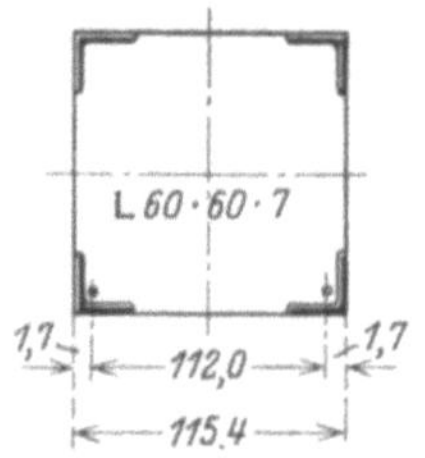

Abb. 30.

Untere Diagonale im 2. Schuß:

Hebelarm $r_u = 26{,}63 \cdot \frac{1091}{1254} \approx 23{,}2$ m.

Diagonalkraft aus Verdrehung $D_u = \frac{3{,}84 \cdot 14{,}25}{23{,}2} \approx 2{,}36$ t.

Gewählt im Unterschuß ∟ $50 \cdot 50 \cdot 5$ mit $f = 4{,}80 - 1{,}7 \cdot 0{,}5 = 3{,}95$ cm².

$i_{min} = 0{,}98$ cm. Größte Knicklänge $l = 125{,}4$ cm; $\quad \frac{l}{i} = \frac{125{,}4}{0{,}98} = 128; \quad \omega = 3{,}88$.

Größte Zugbeanspruchung $\quad k_z = \frac{2{,}36}{3{,}95} \approx 0{,}60$ t/cm².

Größte Druckbeanspruchung $k_d = \frac{3{,}88 \cdot 2{,}36}{4{,}80} \approx 1{,}90$ t/cm².

Aus der Nutzlast ergeben sich folgende Werte:

Stabkraft $D_u = \frac{1}{23,2}(0,05 \cdot 11,4 + 0,12 \cdot 12,0 + 0,24 \cdot 14,20 + 0,15 \cdot 16,0 + 0,13 \cdot 23,5)$

$\approx \frac{1}{23,2} \cdot 10,890 \approx 0,47$ t.

Größte Beanspruchung $k_z = \frac{0,47}{3,95} \approx 0,12$ t/cm²; $k_d = \frac{3,88 \cdot 0,47}{4,80} \approx 0,38$ t/cm².

Zum Anschluß der Diagonalen gewählt je 1 Niet 17 mm ⌀ mit $f = 2,27$ cm² Querschnitt.
Größte Diagonalkraft siehe S. 18: $D_2 = 3,37$ t.

Größte Beanspruchung: auf Abscheren $k_s = \frac{3,37}{2,27} \approx 1,485$ t/cm².

Größte Beanspruchung: auf Lochleibung $k_l = \frac{3,37}{1,7 \cdot 0,5} \approx 3,96$ t/cm².

Beanspruchung der Niete aus Nutzlast sehr gering.

Durchbiegung des Mastes.

Die Durchbiegung an der Mastspitze beträgt nach Bürklin[1]

$$f = \left(\frac{3}{5} \cdot P + \frac{3}{8} W\right) \cdot \frac{l^3}{E \cdot J}. \quad \text{(Abb. 31.)}$$

Hierbei bedeuten: P = Nutzlast, bezogen auf Mastspitze, W = Windlast auf den Mast,
J = Trägheitsmoment am Mastfuß, E = Elastizitätsmodul = 2,10.

Die Nutzlast, bezogen auf Mastspitze $P' = \frac{1}{15,00}(0,1 \cdot 15,6 + 0,24 \cdot 15,0 + 0,48 \cdot 12,8)$

$= \frac{1}{15,00} \cdot 11,31 \approx 0,755$ t.

Trägheitsmoment $J = 4(J_s + e^2 \cdot f) = 4 \cdot (26,0 + 56,0^2 \cdot 7,97) \approx 100080$ cm⁴.

Somit $f = \left(\frac{3}{5} \cdot 755 + \frac{3}{8} \cdot 560\right) \cdot \frac{15,0^3}{2,10 \cdot 100080} \approx 10,7$ cm.

Die wirkliche Durchbiegung wird etwas größer sein.

Betonfundament.

Die Berechnung erfolgt nach den Formeln von Fröhlich[2].

Größte Querkraft siehe S. 17: $Q = 1,380$ t.

Angriffspunkt $h = \frac{M_{max}}{Q} = \frac{15,514}{1,38} \approx 11,25$ m.

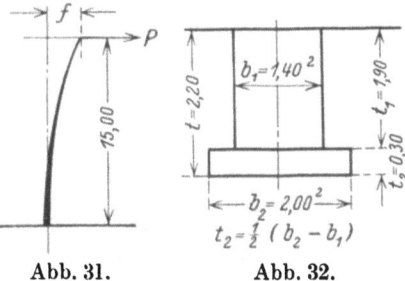

Abb. 31.   Abb. 32.

Breite des Fundaments gewählt $b_1 = 1,40$ m. Tiefe des Fundaments gewählt $t = 2,20$ m.
Nach Fröhlich ergibt sich die Sohlenbreite b_2 wie folgt:

$$b_2^3 - 1,88 \cdot \frac{t + b_1}{t + 0,94} \cdot b_2^2 + 1,88 \cdot \frac{t + \frac{b_1}{2}}{t + 0,94} \cdot b_1 \cdot b_2 = \frac{Q}{1190} \cdot \frac{(t + 2 \cdot h)}{t(t + 0,94)};$$

$$b_2^3 - 1,88 \cdot \frac{2,20 + 1,40}{2,20 + 0,94} \cdot b_2^2 + 1,88 \cdot \frac{2,20 + 0,7}{2,20 + 0,94} \cdot 1,4 \cdot b_2 = \frac{1380}{1190} \cdot \frac{2,20 + 2 \cdot 11,25}{2,20 \cdot 3,14};$$

$$b_2^3 - 2,15 \cdot b_2^2 + 2,43 \cdot b_2 = 4,15.$$

Für $b_2 = 2,00$ eingesetzt ergibt:

$8 - 8,6 + 4,86 = 4,26$; also ≧ 4,15 wie erforderlich.

Die Abmessungen zeigt die nebenstehende Abb. 32.

Unterer Querträger.

1. Beanspruchung bei intakten Leitungen: Eigen- und Eislast einer Leitung mit Isolatorenkette siehe S. 17 = 225 kg. Eigenlast des Querträgers pro Knotenpunkt ≈ 50 kg.
Windlast für eine Leitung siehe S. 17 = 120 kg. Hebelarme nach Abb. 33 und 34.

Größte Gurtkräfte $\pm S = \frac{0,275}{2 \cdot 0,70} \cdot (1,45 + 3,95) \approx \pm 1,06 \pm \frac{2 \cdot 0,12}{2} = \pm 1,18$ t.

Gewählt für den Obergurt 1 ∟ 35 · 35 · 4 mit $f = 2,67$ cm²; reichlich.

---

[1] Bürklin, A.: Durchbiegung von Gittermasten. ETZ 1920. Berlin 1920.   [2] A. a. O.

Berechnungsbeispiele.

Gewählt für den Untergurt 1 ⌶ N.P. 8 mit $f_{br} = 11{,}0$ cm²; $f_n = 8{,}76$ cm².

$i_{min} = 1{,}33$ cm; $i_x = 3{,}10$ cm; Knicklänge $l_{min} = 72{,}5$ cm; $l_x = 145$ cm;

$$\frac{l}{i} = \frac{72{,}5}{1{,}33} = 54; \quad \frac{145}{3{,}10} = 47; \quad \omega = 1{,}21.$$

Größte Beanspruchung $k_d = \dfrac{1{,}21 \cdot 1{,}18}{11{,}00} \approx 0{,}13$ t/cm², sehr gering;

Größte Beanspruchung $k_z = \dfrac{1{,}18}{8{,}76} \approx 0{,}135$ t/cm², sehr gering.

2. Beanspruchung beim Reißen einer Leitung:

Größte Zuglast einer Leitung $P = 50 \cdot 19 = 950$ kg.

Größte Gurtkräfte $\pm S = \dfrac{0{,}95 \cdot 3{,}95}{0{,}661} \approx \pm 5{,}70 \pm 1{,}18 = \pm 6{,}88$ t.

Somit größte Druckbeanspruchung $k_d = \dfrac{1{,}21 \cdot 6{,}88}{11{,}0} \approx 0{,}76$ t/cm²;

größte Zugbeanspruchung $k_z = \dfrac{6{,}88}{8{,}76} \approx 0{,}78$ t/cm².

Größte Diagonalkraft $D_{max} = \dfrac{1}{2} \cdot \dfrac{0{,}95 \cdot 2{,}50}{2{,}02} \approx \pm 0{,}59$ t.

Gewählt ∟ 35·35·4 mit $f = 2{,}67 - 1{,}4 \cdot 0{,}4 = 2{,}11$ cm²; $i_{min} = 0{,}68$ cm.

Größte Knicklänge $l_{max} = 86$ cm; $\dfrac{l}{i} = \dfrac{86}{0{,}68} = 126$; $\omega = 3{,}76$.

Größte Druckbeanspruchung $k_d = \dfrac{3{,}76 \cdot 0{,}59}{2{,}67} \approx 0{,}83$ t/cm².

Größte Zugbeanspruchung $k_z = \dfrac{0{,}59}{2{,}11} \approx 0{,}28$ t/cm².

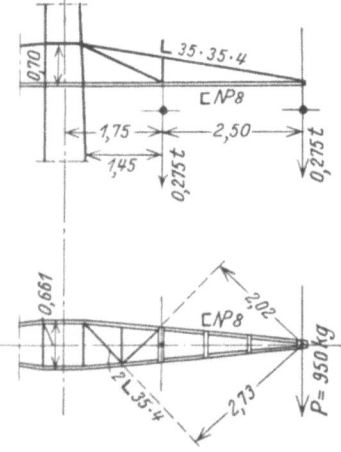

Abb. 33 u. 34.

Tragmast für 820 kg Zug; 15,00 m über Erde. 50-kV-Leitung.

Gewichtsberechnung.

Stück	Gegenstand	Gewicht Einheit kg	Gesamt kg	Stück	Gegenstand	Gewicht Einheit kg	Gesamt kg
	1. Blitzseilträger.				**4. Mast-Oberteil.**		
2	Gurtungen ⌶ 8 . . . . 0,94 m	8,64	16	4	Eckeisen ∟ 55·55·5 . . .8000	4,18	134
2	Knotenbleche 90·6 400	4,24	3	4	Kopfbleche 300·6 552	14,1	31
2	Anschluß ∟ 45·45·5 . . . 160	3,38	1	56	Diagonalen ∟ 45·45·5; 49,6 lfdm	3,38	168
1	Flacheisen 130·8 182	8,16	1	52	Bleche 100·6 220	4,71	54
1	Flacheisen 60·8 120	3,77	1		**5. Mast-Unterteil.**		
	2. Oberer Querträger.			4	Eckeisen ∟ 60·60·7 . . 9400	6,26	236
2	Gurtungen ⌶ 8 6240	8,64	108	52	Diagonalen ∟ 50·50·5; 65,4 lfdm	3,77	247
4	Zugstreben ∟ 35·35·4 . 2680	2,10	23	4	Horizontalen ∟ 45·45·5 . . 860	3,38	12
4	Bleche 150·8 180	9,42	7	1	Diagonalen ∟ 45·45·5 . . 1080	3,38	4
8	Querbleche 80·8 3,20 lfdm . .	5,02	16	4	Fußwinkel 50·50·5 1238	3,77	19
2	Aufhängebügel ⅝″ m. Bronzem.	1,00	2		Für Schrauben und Nietköpfe 3% ≈		30
1	Diagonale ∟ 50·50·5 . . . 900	3,77	3		Gesamt		935
4	Knotenbleche 120·6 350	5,65	8				
	3. Unterer Querträger.						
2	Gurtungen ⌶ 8 8740	8,64	151				
2	Zugstreben ∟ 35·35·4 . 8100	2,10	34				
4	Bleche 150·8 180	9,42	7				
10	Querbleche 80·8 . . 3,72 lfdm	5,02	19				
2	Querbleche ∟ 60·60·6 . . 520	5,42	6				
4	Horizontalen ∟ 35·4; 2,52 lfdm .	2,10	5		**Zusammenstellung.**		
4	Aufhängebügel ⅝″ m. Bronzem.	1,00	4		Gewicht des Mastes		935
8	Diagonalen ∟ 35·4; 7,12 lfdm .	2,10	15		Gewicht der Querträger		475
2	„ ∟ 50·50·5 . . . 980	3,77	7		Gesamt		1410
4	Knotenbleche 120·6 . . . 350	5,65	8				
4	Vertikalen ∟ 35·35·4 . . . 550	2,10	5				
4	Diagonalen ∟ 35·35·4 . . .1350	2,10	11				
	Für Schrauben und Nietköpfe 3%		14				
	Gesamt		475				

Statische Berechnung eines Tragmastes für 820 kg Zug; 15,00 m Länge über Erde.

Tragmast für 820 kg Zug, 15,00 m Länge über Erde (Abb. 35—44).

Schnitt A—B—C—D.

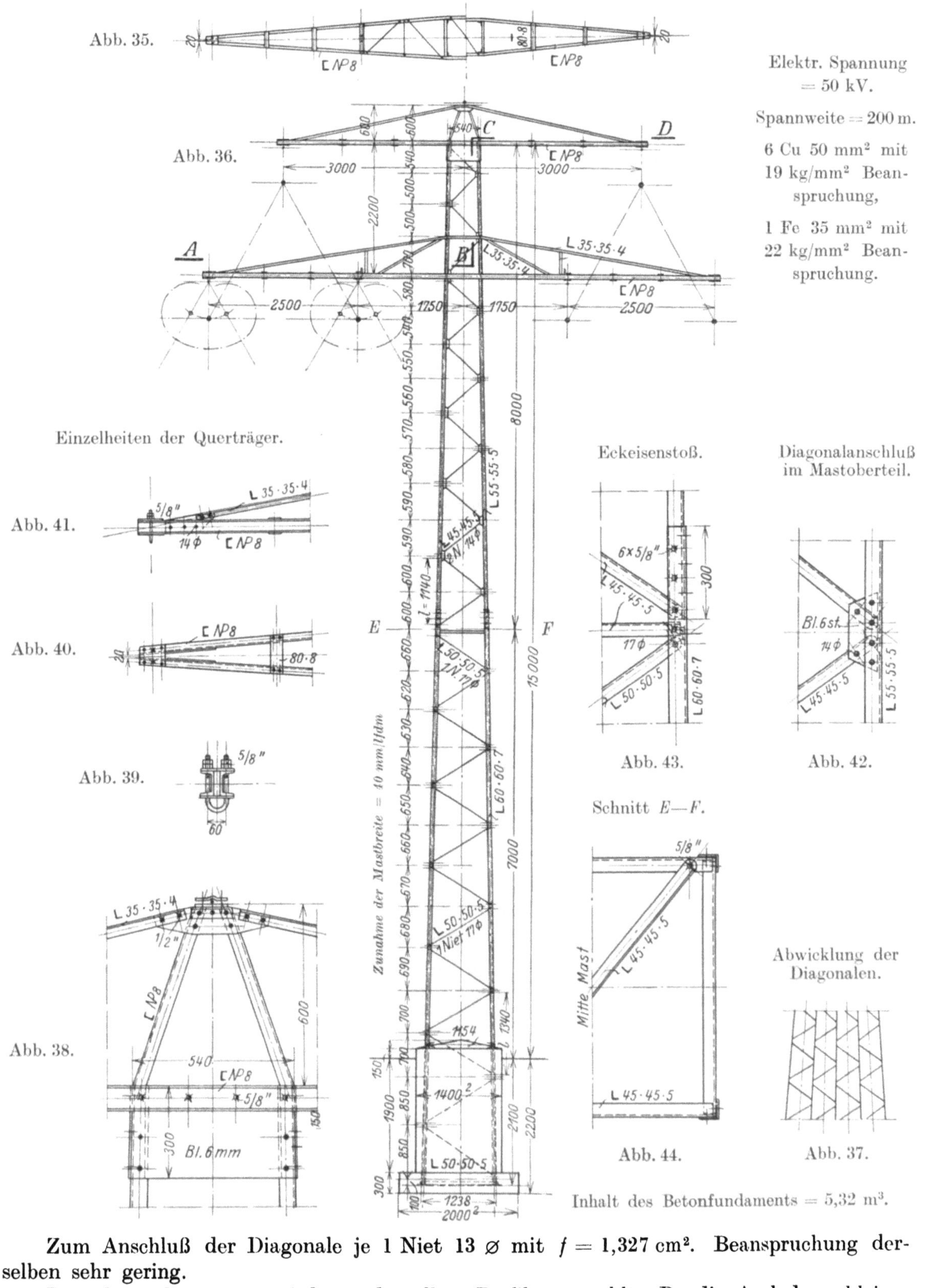

Abb. 35.

Abb. 36.

Elektr. Spannung = 50 kV.

Spannweite = 200 m.

6 Cu 50 mm² mit 19 kg/mm² Beanspruchung,

1 Fe 35 mm² mit 22 kg/mm² Beanspruchung.

Einzelheiten der Querträger.

Abb. 41.

Abb. 40.

Abb. 39.

Abb. 38.

Eckeisenstoß.

Diagonalanschluß im Mastoberteil.

Abb. 43.

Abb. 42.

Schnitt E—F.

Abb. 44.

Abwicklung der Diagonalen.

Abb. 37.

Inhalt des Betonfundaments = 5,32 m³.

Zum Anschluß der Diagonale je 1 Niet 13 ⌀ mit $f = 1{,}327$ cm². Beanspruchung derselben sehr gering.

Der obere Querträger wird aus denselben Profilen gewählt. Da die Ausladung kleiner als die des unteren Querträgers ist, werden auch die Beanspruchungen geringer. Daher erübrigt sich eine weitere Durchrechnung.

Statische Berechnung eines Abspannmastes für 4360 kg Zug; 15,00 m Länge.

Die größten Mastabstände betragen 200 m.
Die elektrische Spannung beträgt 50 kV.
Es werden folgende Leitungen verlegt:

1 Blitzseil Fe 35 mm² mit höchstens 22 kg/mm² Beanspruchung,
6 Leitungen Cu 50 mm² mit höchstens 19 kg/mm² Beanspruchung.

Größter Durchhang der Leitungen bei $-5°$ C und Zusatzlast:

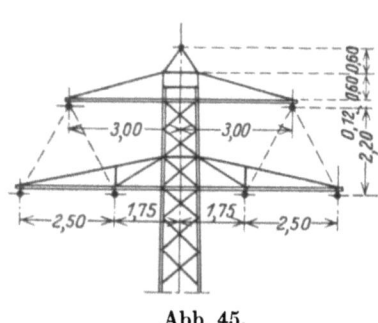

Abb. 45.

$$f_{-5+z} = \frac{0,01992 \cdot 200^2}{8 \cdot 19} \approx 5,25 \text{ m}.$$

Mindestabstand der Leitungen voneinander

$$a = 0,75 \cdot \sqrt{f_{max}} + \frac{U}{150};$$

$$a = 0,75 \cdot \sqrt{5,25} + \frac{50}{150} = 1,72 + 0,33 = 2,05 \text{ m}.$$

Gewählt mit Rücksicht auf große Betriebssicherheit $a = 2,50$ m.

Anordnung der Leitungen am Mastkopf nach nebenstehender Abb. 45.

Die zulässigen Beanspruchungen der Bauteile sind nach den „Vorschriften für Starkstrom-Freileitungen, V.S.F. 1930" wie folgt angenommen:

Flußstahl: Zug-, Druck- und Biegungsbeanspruchung $k \leqq 1600$ kg/cm².
Niete: Abscheren $k_s \leqq 1280$; Lochleibung $k_l \leqq 4000$ kg/cm².
Schrauben (rohe): Abscheren $k_s \leqq 1000$; Lochleibung $k_l \leqq 2500$ kg/cm².

Für Belastungen aus Verdrehung gelten folgende Beanspruchungen:

Flußstahl: Zug-, Druck- und Biegungsbeanspruchung $k \leqq 2000$ kg/cm².
Niete: Abscheren $k_s \leqq 1600$; Lochleibung $k_l \leqq 5000$ kg/cm².
Schrauben (rohe): Abscheren $k_s \leqq 1280$; Lochleibung $k_l \leqq 3100$ kg/cm².

Erforderliche Mastlänge über Erde:

Abstand der unteren Leitung vom Erdboden an der tiefsten Stelle = 6,50 m
Größter Durchhang bei $-5°$ C $+ z$ . . . . = 5,25 „
Vom Aufhängepunkt der unteren Leitung bis Mastspitze . . . . = 2,92 „
Erforderliche Länge = 14,67 m
Gewählte Mastlänge über Erde . . . . = 15,00 m

Der Abspannmast ist zu berechnen für $^2/_3$ der einseitigen Leitungszüge. Dieselben betragen für:

das Blitzschutzseil $P_1 = \frac{2}{3} \cdot 35 \cdot 22 \approx 520$ kg,
eine Leitung $P_2 = \frac{2}{3} \cdot 50 \cdot 19 \approx 640$ kg.

Die Eigen- und Eislasten der Drähte für ein halbes Spannfeld betragen:

für das Blitzschutzseil = $0,78 \cdot 200 \cdot \frac{1}{2} \approx 80$ kg,
für eine Leitung = $1,00 \cdot 200 \cdot \frac{1}{2} = 100$ kg $+ 60$ für 2 Abspannketten = 160 kg

Gesamte Eigenlast für: Drähte, Isolatoren, Querträger und Schuß 1 = 2400 kg.

Windlast auf Schuß 1:

$$W = 125 \cdot 1,5 \cdot 8,00 \, (2 \cdot 0,08 + 1,3 \cdot 0,045) \approx 360 \text{ kg}.$$

Die größten Momente betragen (Abb. 46):

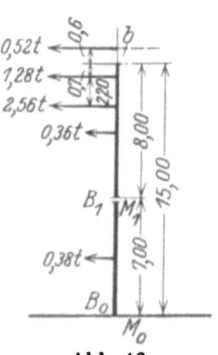

Abb. 46.

$$M = 0,520 \cdot 8,60 = 4,472 \text{ mt}$$
$$1,280 \cdot 7,30 = 9,344 \text{ „}$$
$$2,560 \cdot 5,10 = 13,056 \text{ „}$$
$$0,360 \cdot 4,00 = 1,440 \text{ „}$$
$$M_1 = 28,312 \text{ mt}$$
$$4,720 \cdot 7,00 = 33,040 \text{ „}$$
$$0,380 \cdot 3,50 = 1,330 \text{ „}$$
$$Q_{max} = 5,100 \quad M_0 = 62,682 \text{ mt}$$

Statische Berechnung eines Abspannmastes für 4360 kg Zug; 15,00 m Länge über Erde.

Obere Mastbreite $b = 600$ mm. Zunahme der Breite $= 44$ mm/lfdm.
Mastbreite am Stoß $= 600 + 8 \cdot 44 = 952$ mm.
Mastbreite am Boden $= 600 + 15 \cdot 44 + 20 = 1280$ mm.

Schwerpunktsabstände der Eckeisen:
$$B_{1\xi} = 95{,}2 - 2 \cdot 2{,}2 = 90{,}8 \text{ cm},$$
$$B_{0\xi} = 128{,}0 - 2 \cdot 2{,}8 = 122{,}4 \text{ cm}.$$

Schuß 1.

Größte Gurtkräfte $\pm S_1 = \dfrac{28{,}312}{2 \cdot 0{,}908} \approx \pm 15{,}60 \mp \dfrac{2{,}40}{4} = \pm \begin{smallmatrix}15{,}00\text{ t,}\\16{,}20\text{ t.}\end{smallmatrix}$ (Abb. 47.)

Gewählt ∟ $80 \cdot 80 \cdot 8$ mit $f = 12{,}30 - 1{,}7 \cdot 0{,}8 = 10{,}94$ cm²; $i_\xi = 2{,}42$ cm.

Größte Knicklänge $l = 113$ cm; $\dfrac{l}{i} = \dfrac{113}{2{,}42} = 47$; $\omega = 1{,}15$.

Größte Zugbeanspruchung $k_z = \dfrac{15{,}00}{10{,}94} \approx 1{,}37$ t/cm².

Größte Druckbeanspruchung $k_d = \dfrac{16{,}20 \cdot 1{,}15}{12{,}30} \approx 1{,}51$ t/cm².

Zum Anschluß an Schuß 2 gewählt 10 Schrauben $\tfrac{5}{8}''$ $f = 1{,}978$ cm².

Größte Beanspruchung auf Abscheren $k_s = \dfrac{16{,}20}{10 \cdot 1{,}978} \approx 0{,}82$ t/cm².

Größte Beanspruchung auf Lochleibung $k_l = \dfrac{16{,}20}{10 \cdot 1{,}59 \cdot 0{,}8} \approx 1{,}27$ t/cm².

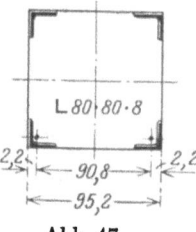
Abb. 47.

Diagonalen. Dieselben werden beim Reißen eines Leitungsdrahtes am stärksten beansprucht.

Größte Zuglast einer Leitung $P = 50 \cdot 19 = 950$ kg.
Größte Ausladung der Querträger $l = 4{,}25$ m.
Größte Querkraft einer Mastwand
$$Q = \dfrac{P \cdot l}{2 \cdot a} + \dfrac{P}{2} = \dfrac{0{,}95 \cdot 4{,}25}{2 \cdot 0{,}68} + \dfrac{0{,}95}{2} \approx 3{,}45 \text{ t}. \text{ (Abb. 48.)}$$

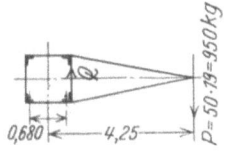
Abb. 48.

Die größte Stabkraft bekommt die erste Diagonale unter dem unteren Querträger mit folgenden Werten: (Abb. 49.)

Hebelarm $r_1 = 14{,}55 \cdot \dfrac{661}{808} \approx 11{,}90$ m; $h = \dfrac{600 - 90}{44} \approx 11{,}60$ m;

Diagonalkraft $D_1 = \dfrac{3{,}45 \cdot 14{,}45}{11{,}90} \approx \pm 4{,}20$ t.

Gewählt ∟ $45 \cdot 45 \cdot 5$ mit $f = 4{,}30 - 1{,}4 \cdot 0{,}5 = 3{,}60$ cm²; $i_{\min} = 0{,}87$ cm.

Knicklänge $l = 80{,}8 - 12 = 68{,}8$ cm; $\dfrac{l}{i} = \dfrac{68{,}8}{0{,}87} = 79$; $\omega = 1{,}57$.

Größte Zugbeanspruchung $k_z = \dfrac{4{,}20}{3{,}60} \approx 1{,}16$ t/cm².

Größte Druckbeanspruchung $k_d = \dfrac{1{,}57 \cdot 4{,}20}{4{,}30} \approx 1{,}53$ t/cm².

Diagonale im unteren Felde des ersten Schusses:

Hebelarm $r_2 = 19{,}03 \cdot \dfrac{861}{1006} \approx 16{,}30$ m; $D_2 = \dfrac{3{,}45 \cdot 14{,}45}{16{,}30} \approx 3{,}06$ t.

Knicklänge $l = 100{,}6 - 12 = 88{,}6$ cm; $\dfrac{l}{i} = \dfrac{88{,}6}{0{,}87} = 102$; $\omega = 2{,}46$.

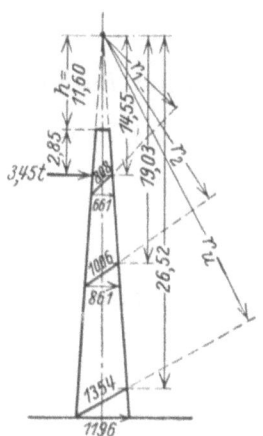
Abb. 49.

Beanspruchung $k_z = \dfrac{3{,}06}{3{,}60} \approx 0{,}85$ t/cm²; $k_d = \dfrac{2{,}46 \cdot 3{,}06}{4{,}30} \approx 1{,}75$ t/cm².

Zum Anschluß gewählt je 2 Niete 14 ⌀ mit $f = 2 \cdot 1{,}539$ cm².

Größte Beanspruchung auf Abscheren $k_s = \dfrac{4{,}20}{2 \cdot 1{,}539} \approx 1{,}36$ t/cm².

Größte Beanspruchung auf Lochleibung $k_l = \dfrac{4{,}20}{2 \cdot 1{,}4 \cdot 0{,}5} \approx 3{,}00$ t/cm².

Aus der Nutzlast ergibt sich folgende Stabkraft:
$$D_2 = \dfrac{1}{16{,}30}(0{,}26 \cdot 11{,}0 + 0{,}64 \cdot 12{,}3 + 1{,}28 \cdot 14{,}45 + 0{,}18 \cdot 15{,}6) - \dfrac{31{,}59}{16{,}30} \approx \pm 1{,}93 \text{ t}.$$

Somit Beanspruchung $k_z = \dfrac{1{,}93}{3{,}60} \approx 0{,}537$ t/cm²; $k_d = \dfrac{2{,}46 \cdot 1{,}93}{4{,}30} \approx 1{,}10$ t/cm².

24 Berechnungsbeispiele.

Schuß 2.

Windlast $W_2 = 125 \cdot 1{,}5 \cdot 7{,}00 \, (2 \cdot 0{,}10 + 1{,}3 \cdot 0{,}05) \approx 380$ kg.

Eigenlast $G_2 = 2400 + 800 = 3200$ kg.

Größte Gurtkräfte $\pm S_0 = \dfrac{62{,}682}{2 \cdot 1{,}224} \approx \pm 25{,}6 \mp \dfrac{3{,}20}{4} = \pm \begin{smallmatrix} 24{,}8 \text{ t,} \\ 26{,}4 \text{ t.} \end{smallmatrix}$ (Abb. 50.)

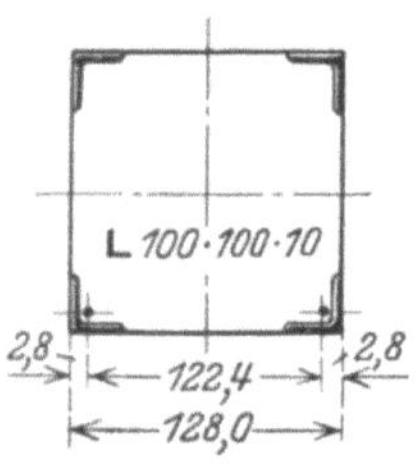

Gewählt ∟ $100 \cdot 100 \cdot 10 \; f = 19{,}20 - 1{,}7 \cdot 1{,}0 = 17{,}50$ cm²;

$i_\xi = 3{,}04$ cm.

Größte Knicklänge $l = 147 - 6 = 141$ cm;

$\dfrac{l}{i} = \dfrac{141}{3{,}04} = 46; \quad \omega = 1{,}14.$

Größte Zugbeanspruchung $k_z = \dfrac{24{,}8}{17{,}50} \approx 1{,}41$ t/cm².

Größte Druckbeanspruchung $k_d = \dfrac{1{,}14 \cdot 26{,}4}{19{,}2} \approx 1{,}57$ t/cm².

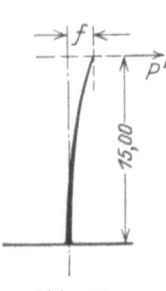

Abb. 50.

Untere Diagonale im zweiten Schuß:

Hebelarm $r_u = 26{,}52 \cdot \dfrac{1196}{1354} \approx 23{,}4$ m; $\quad D_u = \dfrac{3{,}45 \cdot 14{,}45}{23{,}40} \approx 2{,}13$ t.

Gewählt ∟ $50 \cdot 50 \cdot 6$ mit $f = 5{,}68 - 1{,}7 \cdot 0{,}6 = 4{,}66$ cm²; $\; i_{min} = 0{,}96$ cm.

Größte Knicklänge $l = 135{,}4$ cm; $\; \dfrac{l}{i} = \dfrac{135{,}4}{0{,}96} = 141; \; \omega = 4{,}71.$

Beanspruchung $k_z = \dfrac{2{,}13}{4{,}66} \approx 0{,}46$ t/cm²; $\quad k_d = \dfrac{4{,}71 \cdot 2{,}13}{5{,}68} \approx 1{,}77$ t/cm².

Zum Anschluß gewählt je 1 Niet 17,∅ mit $f = 2{,}27$ cm².

Größte Beanspruchung auf Abscheren $\quad k_s = \dfrac{3{,}06}{2{,}27} \approx 1{,}34$ t/cm².

Größte Beanspruchung auf Lochleibung $\quad k_l = \dfrac{3{,}06}{1{,}7 \cdot 0{,}6} \approx 3{,}00$ t/cm².

Aus der Nutzlast ergibt sich folgende Stabkraft:

$$D_4 = \dfrac{1}{23{,}40}(31{,}59 + 0{,}19 \cdot 23{,}10) \approx \pm 1{,}54 \text{ t}.$$

Somit Beanspruchung $k_z = \dfrac{1{,}54}{4{,}66} \approx 0{,}34$ t/cm²; $\quad k_d = \dfrac{4{,}71 \cdot 1{,}54}{5{,}68} \approx 1{,}28$ t/cm².

Beanspruchung der Niete aus der Nutzlast:

auf Abscheren $k_s = \dfrac{1{,}93}{2{,}27} \approx 0{,}85$ t/cm²; $\quad$ Lochleibung $k_l = \dfrac{1{,}93}{1{,}7 \cdot 0{,}6} \approx 1{,}90$ t/cm².

Durchbiegung des Mastes.

Die Durchbiegung unter Nutzlast und Winddruck beträgt an der Mastspitze nach Bürklin[1]

$$f = \left(\dfrac{3}{5} \cdot P + \dfrac{3}{8} \cdot W\right) \cdot \dfrac{l^3}{E \cdot J}. \quad \text{(Abb. 51.)}$$

Hierin bedeuten: $P =$ Nutzlast, bezogen auf Mastspitze,

$W =$ Windlast auf den Mast $= 740$ kg,

$J =$ Trägheitsmoment am Mastfuß,

$E =$ Elastizitätsmodul $= 2{,}10.$

Die Nutzlast, bezogen auf Oberkante Mast:

$$P' = \dfrac{1}{15{,}00}(0{,}52 \cdot 15{,}60 + 1{,}28 \cdot 14{,}30 + 2{,}56 \cdot 12{,}1) \approx 3{,}825 \text{ t}.$$

Abb. 51.

Trägheitsmoment $J = 4(J_\xi + e^2 \cdot f) = 4(177 + 61{,}2^2 \cdot 19{,}2) \approx 288\,320$ cm⁴.

Somit $f = \left(\dfrac{3}{5} \cdot 3825 + \dfrac{3}{8} \cdot 740\right) \dfrac{15{,}00^3}{2{,}10 \cdot 288\,320} \approx 14{,}30$ cm.

Die wirkliche Durchbiegung wird etwas größer sein.

---

[1] A. a. O.

Betonfundament.

Die Berechnung desselben erfolgt nach den Formeln von Fröhlich[1].

Größte Querkraft siehe S. 22 = 5100 kg.

Angriffspunkt $h = \dfrac{M_{max}}{Q} = \dfrac{62{,}682}{5{,}10} \approx 12{,}30$ m.

Tiefe des Fundaments gewählt $t = 2{,}50$ m, Breite des Fundaments gewählt $b_1 = 1{,}60$ m. Nach Fröhlich berechnet sich die Sohlenbreite b_2 wie folgt:

$$b_2^3 - 1{,}88 \cdot \frac{t+b_1}{t+0{,}94} \cdot b_2^2 + 1{,}88 \cdot \frac{t+\frac{b_1}{2}}{t+0{,}94} \cdot b_1 \cdot b_2 = \frac{Q}{1190} \cdot \frac{(t+2 \cdot h)}{t(t+0{,}94)};$$

$$b_2^3 - 1{,}88 \cdot \frac{2{,}5+1{,}60}{2{,}5+0{,}94} \cdot b_2^2 + 1{,}88 \cdot \frac{2{,}5+0{,}80}{2{,}50+0{,}94} \cdot 1{,}60 \cdot b_2 = \frac{5100}{1190} \cdot \frac{2{,}50+2\cdot 12{,}30}{2{,}50 \cdot 3{,}44};$$

$$b_2^3 - 2{,}24 \cdot b_2^2 + 2{,}89 \cdot b_2 = 13{,}50.$$

Für $b_2 = 2{,}90$ eingesetzt ergibt: $24{,}4 - 18{,}8 + 8{,}4 = 14{,}0$; also $\gtreqless 13{,}50$ wie erforderlich. Die Abmessungen zeigt Abb. 52.

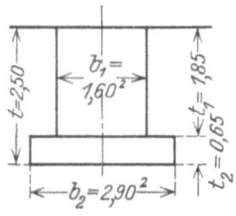

Abb. 52.

Querträger.

Dieselben sind zu berechnen für den ungünstigen Fall gerissener Leitungen. Größter Zug einer Leitung $P = 50 \cdot 19 = 950$ kg. Eigen- und Eislast einer Leitung s. S. 22 = 160 kg. Dazu Eigenlast des Querträgers pro Knotenpunkt = 60 kg. Es ist nachstehend der untere Querträger berechnet worden (Abb. 53 u. 54):

Schwerpunktsabstand des Untergurts
$= 600 + 44 \cdot 2{,}85 + 2 \cdot 14{,}5 = 755$ mm.

Größte Gurtkräfte 1. aus Leitungszug

$$\pm S_1 = \frac{0{,}95}{0{,}755}(1{,}45 + 3{,}95) \approx \pm 6{,}80 \text{ t};$$

2. aus Vertikallast $\pm S_2 = \dfrac{0{,}22}{2 \cdot 0{,}70}(1{,}45 + 3{,}95) \approx \pm 0{,}85$ t.

Gesamte Stabkraft: für den Obergurt $+0{,}85$ t;

für den Untergurt $\pm 6{,}80 - 0{,}85 = \pm \dfrac{5{,}95}{7{,}65}$ t.

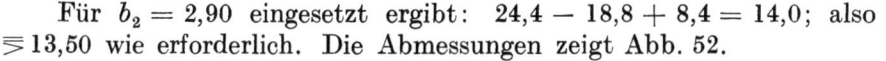

Abb. 53. u. 54.

Gewählt für den Obergurt ⌐ 35·35·4 mit $f = 2{,}67$ cm², reichlich.

Für den Untergurt ⊏ N.P. 8 mit $f = 11{,}00 - 2 \cdot 1{,}4 \cdot 0{,}8 = 8{,}76$ cm²;

$i_{min} = 1{,}33$ cm; $i_x = 3{,}10$ cm;

Knicklänge $l_{min} = 72{,}5$ cm; $l_x = 145$ cm; $\dfrac{l}{i} = \dfrac{72{,}5}{1{,}33} = 54$; $\dfrac{145}{3{,}10} = 47$; $\omega = 1{,}21$.

Größte Zugbeanspruchung $k_z = \dfrac{5{,}95}{8{,}76} \approx 0{,}68$ t/cm².

Größte Druckbeanspruchung $k_d = \dfrac{1{,}21 \cdot 7{,}65}{11{,}00} \approx 0{,}84$ t/cm².

Größte Diagonalkraft $\pm D = \dfrac{0{,}95}{2 \cdot 3{,}80}(2{,}59 + 5{,}09) \approx \pm 0{,}96$ t.

Größte Knicklänge $l = 93$ cm; gewählt ⌐ 35·35·4 mit $f = 2{,}67 - 1{,}4 \cdot 0{,}4 = 2{,}11$ cm²;

$i_{min} = 0{,}68$ cm; $\dfrac{l}{i} = \dfrac{93}{0{,}68} \approx 137$; $\omega = 4{,}44$.

Größte Zugbeanspruchung $k_z = \dfrac{0{,}96}{2{,}11} \approx 0{,}36$ t/cm².

Größte Druckbeanspruchung $k_d = \dfrac{4{,}44 \cdot 0{,}96}{2{,}67} \approx 1{,}59$ t/cm².

Zum Anschluß 1 Niet 13 ⌀ mit $f = 1{,}327$ cm; reichlich.

Der obere Querträger besteht aus denselben Profilen. Da die Ausladung kleiner ist als die des unteren Querträgers, so werden auch die Beanspruchungen geringer, weshalb sich eine weitere Durchrechnung erübrigt.

---

[1] A. a. O.

Berechnungsbeispiele.

Abspannmast für 4360 kg Zug, 15,00 m Länge über Erde (Abb. 55—66).

Schnitt A—B—C—D.

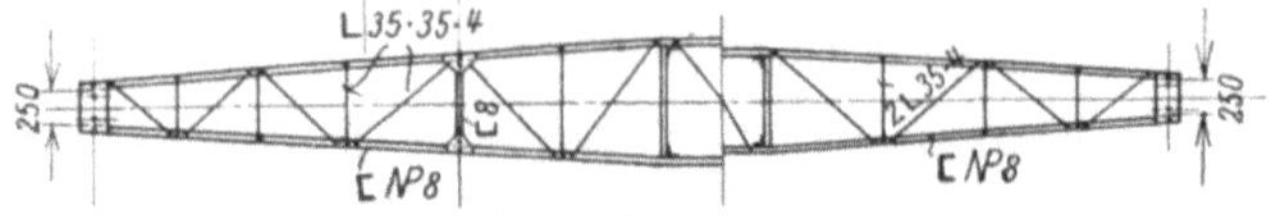

Abb. 57.

Elektr. Spannung = 50 kV.

Spannweite = 200 m.

6 Cu 50 mm² mit 19 kg/mm² Beanspruchung.

1 Fe 35 mm² mit 22 kg/mm² Beanspruchung.

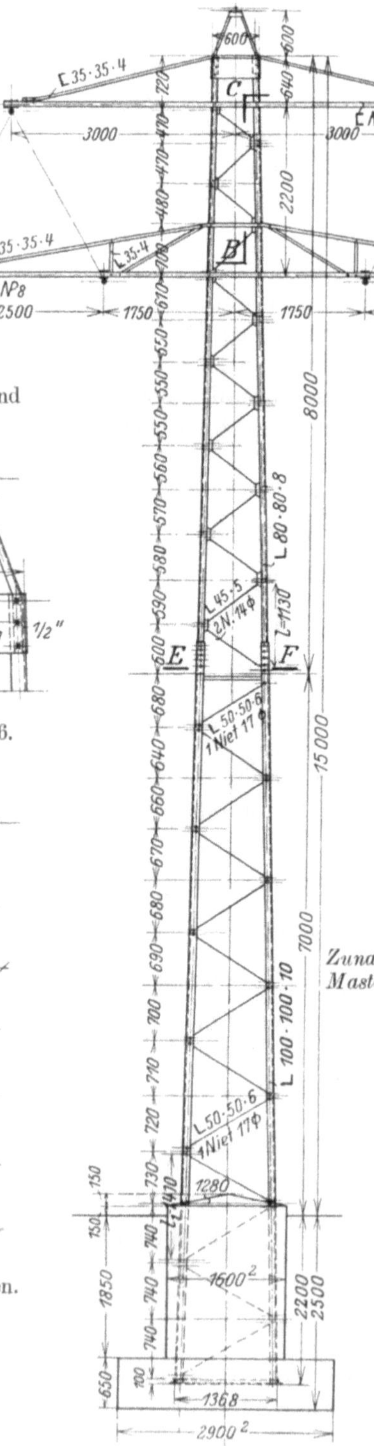

Einzelheiten der Mastspitze und Querträger.

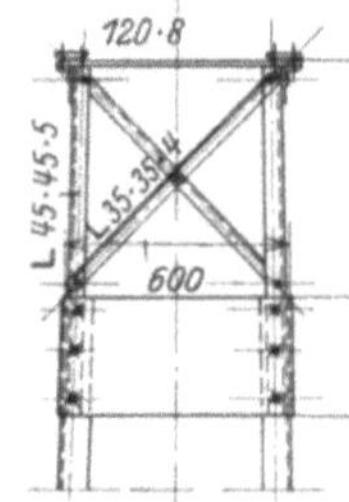

Abb. 55. 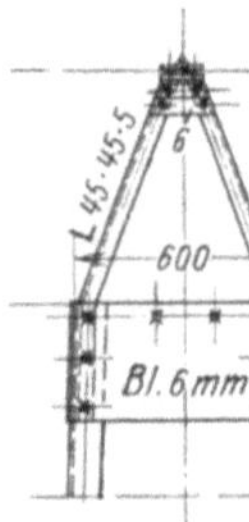   Abb. 56.

Abb. 63.

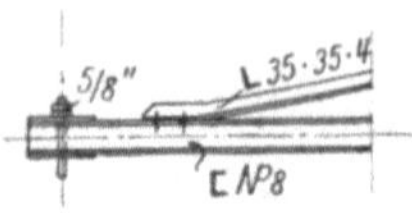

Abb. 62.

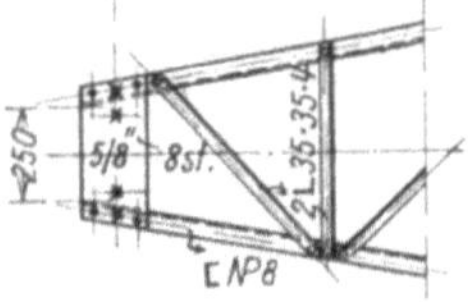

Abb. 61.

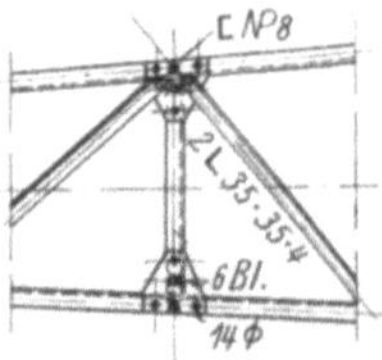

Aufhängung der Abspannketten.

Abb. 60.

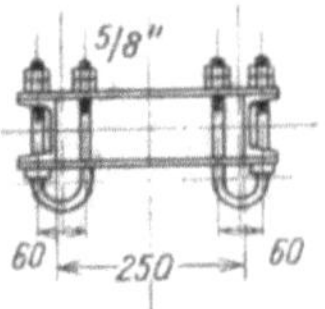

Inhalt des Betonfundaments = 10,72 m³.

Abb. 58.

Eckeisenstoß.

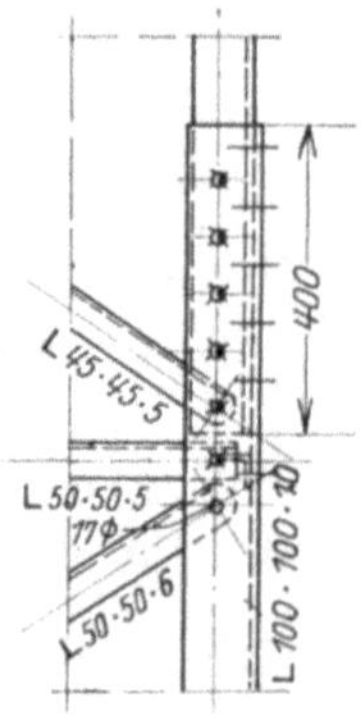

Abb. 65.

Diagonalanschluß im Mastoberteil.

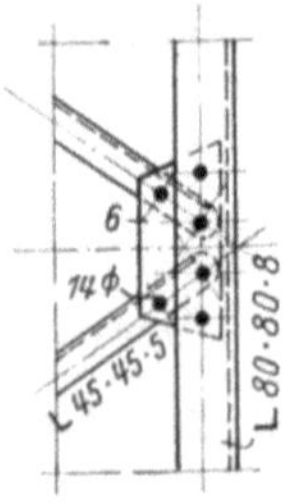

Abb. 64.

Zunahme der Mastbreite = 44 mm/lfdm.

Schnitt E—F.

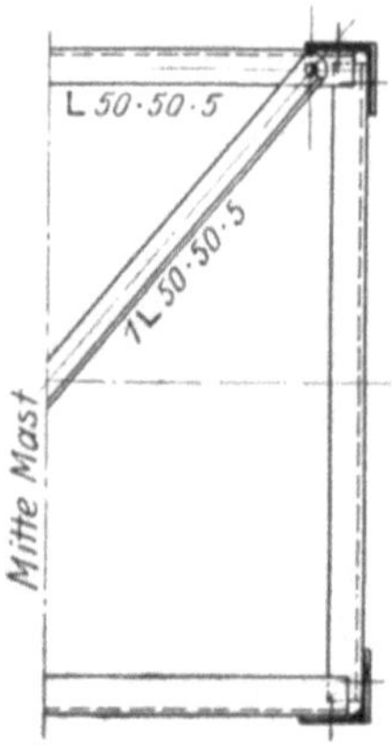

Abb. 66.

Abwicklung der Diagonalen.

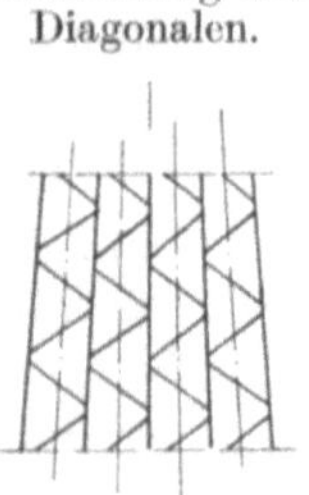

Abb. 59.

Statische Berechnung eines Tragmastes für 820 kg Zug; 13,50 m Länge über Erde.

Abspannmast für 4360 kg Zug; 15,00 m über Erde. 50 kV-Leitung.
Gewichtsberechnung.

Stück	Gegenstand	Gewicht Einheit kg	Gewicht Gesamt kg	Stück	Gegenstand	Gewicht Einheit kg	Gewicht Gesamt kg
	1. Blitzseilträger.				**4. Mast-Oberteil.**		
4	Gurtungen L 45·45·5 . . . 780	3,38	11	4	Eckeisen L 80·80·8 8000	9,63	308
2	Bleche 110·6 200	5,18	2	4	Kopfbleche 300·6 612	14,1	35
2	Anschluß L 45·45·5 160	3,38	1	52	Diagonalen L 45·45·5. .50,6 lfdm	3,38	171
1	Flacheisen 120·8 680	7,54	5	52	Knotenbleche 110·6 230	5,18	62
2	Klemmplatten 120·8. . . . 130	7,54	2		**5. Mast-Unterteil.**		
4	Diagonalen L 35·4. 820	2,10	7	4	Eckeisen L 100·100·10 . . .9600	15,00	576
	2. Oberer Querträger.			52	Diagonalen L 50·50·6 . .68,0 lfdm	4,47	304
2	Gurtungen ⊏ 8. 6260	8,64	108	4	Horizontalen L 50·50·5. . . 922	3,77	14
2	Zugstreben L 35·4 5860	2,10	25	1	Diagonalen L 50·50·5 . . .1210	3,77	5
4	Knotenbleche 120·6 350	5,65	8	4	Fußwinkel 50·50·5. 1368	3,77	21
4	Bleche 180·8 370	11,3	17		Für Schrauben und Nietköpfe 3% ≈		44
4	Aufhängebügel ⅝″ m. Bronzem.	1,00	4		Gesamt		1540
12	Horizontalen L 35·4 . 6,40 lfdm	2,10	13				
16	Diagonalen L 35·4 . . 12,80 lfdm	2,10	27				
2	Diagonalen L 50·5 1020	3,77	8				
	3. Unterer Querträger.						
2	Gurtungen ⊏ 8. 8760	8,64	151				
2	Zugstreben L 35·35·4 . . .8430	2,10	35		**Zusammenstellung.**		
4	Knotenbleche 120·6 350	5,65	8		Gewicht des Mastes		1540
4	Bleche 180·8 370	11,3	17		Gewicht der Querträger		590
16	Horizontalen L 35·4 . 8,90 lfdm	2,10	19		Gesamt		2130
2	Horizontalen ⊏ N.P. 8 . . . 560	8,64	10				
8	Knotenbleche 180·8 180	11,3	16				
24	Diagonalen L 35·35·4 .19,3 lfdm	2,10	41				
8	Aufhängebügel ⅝″ m. Bronzem.	1,00	8				
4	Vertikalen L 35·4 550	2,10	5				
4	Diagonalen L 35·4. 1350	2,10	11				
2	Diagonalen L 50·5. 1080	3,77	8				
	Für Schrauben und Nietköpfe 3% ≈		23				
	Gesamt		590				

7. 50-kV-Leitung, 200 m Spannweite, mit schwenkbaren Auslegern.

Statische Berechnung eines Tragmastes für 820 kg Zug; 13,50 m Länge über Erde.

Die größten Spannweiten betragen 200 m. Die elektrische Spannung = 50 kV. Es werden folgende Leitungen verlegt:

1 Blitzseil Fe 35 mm² mit einer Höchstbeanspruchung von 22 kg/mm²,
6 Leitungen Cu 50 mm² mit einer Höchstbeanspruchung von 19 kg/mm².

Größter Durchhang der Leitungen bei $-5°$ C und Zusatzlast:
$$f_{-5+z} = \frac{0,01992 \cdot 200^2}{8 \cdot 19} \approx 5,25 \text{ m}.$$

Mindestabstand der Leitungen voneinander:
$$a = 0,75 \cdot \sqrt{f_{max}} + \frac{U}{150}; \quad = 0,75 \cdot \sqrt{5,25} + \frac{50}{150} \approx 2,05 \text{ m}.$$

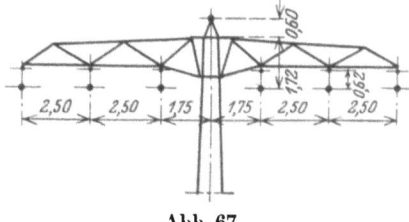

Abb. 67.

Gewählt mit Rücksicht auf große Betriebssicherheit $a = 2,50$ m.

Anordnung der Leitungen am Mastkopf nach Abb. 67.

Die zulässigen Beanspruchungen der Bauteile sind nach den „Vorschriften für Starkstrom-Freileitungen V.S.F. 1930" wie folgt angenommen:

Flußstahl: Zug-, Druck- und Biegungsbeanspruchung $k \leqq 1600$ kg/cm².
Niete: Abscheren $k_s \leqq 1280$; Lochleibung $k_l \leqq 4000$ kg/cm².
Schrauben (rohe): Abscheren $k_s \leqq 1000$; Lochleibung $k_l \leqq 2500$ kg/cm².

Erforderliche Mastlänge über Erde:

Abstand der Leitungen vom Erdboden an der tiefsten Stelle . =	6,50 m
Größter Durchhang bei $-5°$ C und Zusatzlast . . . . =	5,25 ,,
Vom Aufhängepunkt des Drahtes bis zur Mastspitze . . . . =	1,72 ,,
Erforderliche Länge =	13,47 m
Gewählte Länge =	13,50 m

Die Belastungen aus Winddruck betragen:

$$\text{für das Blitzseil} = 125 \cdot 0{,}5 \cdot 0{,}0075 \cdot 200 \approx 100 \text{ kg,}$$
$$\text{für eine Leitung} = 125 \cdot 0{,}5 \cdot 0{,}009 \cdot 200 \approx 112 \text{ kg,}$$

dazu 8 kg Winddruck auf die Isolatorenkette, zusammen = 120 kg.

Die Eigen- und Eislasten betragen:

für das Blitzseil = $0{,}78 \cdot 200 = 160$ kg,
für eine Leitung = $1{,}00 \cdot 200 = 200$ kg + 25 kg für Isolatorenkette = 225 kg.

Eigenlasten für: Drähte, Isolatoren, Querträger und Schuß 1 = 2200 kg.
Windlast auf Schuß 1: $W_1 = 125 \cdot 1{,}5 \cdot 7{,}00 \,(2 \cdot 0{,}050 + 1{,}3 \cdot 0{,}035) \approx 200$ kg.

Die größten Momente betragen (Abb. 68):

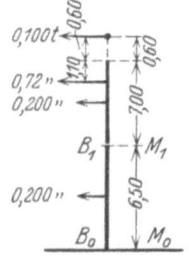

$$M = 0{,}100 \cdot 7{,}60 = 0{,}760 \text{ mt}$$
$$0{,}720 \cdot 5{,}90 = 4{,}248 \text{ ,,}$$
$$0{,}200 \cdot 3{,}50 = 0{,}700 \text{ ,,}$$
$$M_1 = 5{,}708 \text{ mt}$$
$$1{,}020 \cdot 6{,}50 = 6{,}630 \text{ ,,}$$
$$0{,}200 \cdot 3{,}25 = 0{,}650 \text{ ,,}$$
$$H = 1{,}220 \text{ t}; \quad M_0 = 12{,}988 \text{ mt}$$

Abb. 68.

Obere Mastbreite $b = 540$ mm. Zunahme der Mastbreite = 36 mm/lfdm.

Mastbreite des 1. Schusses = $540 + 7{,}0 \cdot 36 = B_1 = 792$ mm.
Desgl. am Erdboden = $540 + 13{,}5 \cdot 36 + 12 = B_0 = 1038$ mm.

Schuß 1.

Größte Gurtkräfte $\pm S_1 = \dfrac{5{,}708}{2 \cdot 0{,}764} \approx \pm 3{,}74 \mp \dfrac{2{,}20}{4} = \pm \genfrac{}{}{0pt}{}{3{,}19 \text{ t,}}{4{,}29 \text{ t.}}$ (Abb. 69.)

Gewählt L 50·50·5 mit $f = 4{,}80 - 1{,}4 \cdot 0{,}5 = 4{,}10$ cm²; $i_\xi = 1{,}51$ cm.

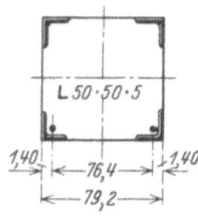

Größte Knicklänge $l = 105$ cm; $\dfrac{l}{i} = \dfrac{105}{1{,}51} = 70;\ \omega = 1{,}39$.

Größte Zugbeanspruchung $k_z = \dfrac{3{,}19}{4{,}10} \approx 0{,}78$ t/cm².

Größte Druckbeanspruchung $k_d = \dfrac{1{,}39 \cdot 4{,}29}{4{,}80} \approx 1{,}24$ t/cm².

Zum Anschluß an Schuß 2 gewählt 6 Schrauben $\tfrac{1}{2}''$ ⌀ mit $f = 1{,}267$ cm².

Abb. 69.

Größte Beanspruchung: auf Abscheren $k_s = \dfrac{4{,}29}{6 \cdot 1{,}267} \approx 0{,}565$ t/cm².

Größte Beanspruchung: auf Lochleibung $k_l = \dfrac{4{,}29}{6 \cdot 1{,}27 \cdot 0{,}5} \approx 1{,}120$ t/cm².

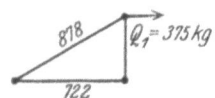

Diagonalen: Querkraft $Q_1 = \dfrac{1{,}020}{2} - 3{,}74 \cdot 36 \approx 375$ kg.

Abb. 70.

Stabkraft der unteren Diagonale $D = 375 \cdot \dfrac{878}{722} \approx 455$ kg. (Abb. 70.)

Gewählt L 35·35·4 mit $f = 2{,}67 - 1{,}3 \cdot 0{,}4 = 2{,}15$ cm²; $i_{\min} = 0{,}68$ cm.

Knicklänge $l = 87{,}8$ cm; $\dfrac{l}{i} = \dfrac{87{,}8}{0{,}68} \approx 129;\ \omega = 3{,}94$.

Größte Zugbeanspruchung $k_z = \dfrac{0{,}455}{2{,}15} \approx 0{,}212$ t/cm².

Größte Druckbeanspruchung $k_d = \dfrac{3{,}94 \cdot 0{,}455}{2{,}67} \approx 0{,}670$ t/cm².

Zum Anschluß der Diagonalen gewählt je 1 Niet 13 ⌀ mit $f = 1{,}327$ cm².
Beanspruchung desselben sehr gering.

Statische Berechnung eines Tragmastes für 820 kg Zug; 13,50 m Länge über Erde.

Schuß 2.

Windlast $W_2 = 125 \cdot 1,5 \cdot 6,50 \, (2 \cdot 0,055 + 1,3 \cdot 0,035) \approx 200$ kg.

Eigenlast $G_2 = 2200 +$ Schuß $2 \approx 400$ kg $= 2600$ kg.

Größte Gurtkräfte $\pm S_0 = \dfrac{12{,}988}{2 \cdot 1{,}007} \approx 6{,}45 \mp \dfrac{2600}{4} \approx \pm \begin{array}{l} 5{,}80 \text{ t,} \\ 7{,}10 \text{ t.} \end{array}$ (Abb. 71.)

Gewählt ⌐ $55 \cdot 55 \cdot 6$ mit $f = 6{,}31 - 1{,}4 \cdot 0{,}6 = 5{,}47$ cm²; $i_\xi = 1{,}66$ cm.

Knicklänge $l = 114$ cm; $\dfrac{l}{i} = \dfrac{114}{1{,}66} = 69$; $\omega = 1{,}377$.

Größte Zugbeanspruchung $\quad k_z = \dfrac{5{,}80}{5{,}47} \approx 1{,}06$ t/cm².

Größte Druckbeanspruchung $k_d = \dfrac{1{,}377 \cdot 7{,}10}{6{,}31}$ $1{,}55$ t/cm².

Diagonalen: Querkraft $Q_2 = \dfrac{1220}{2} - 6{,}45 \cdot 36 = 378$ kg.

Stabkraft der unteren Diagonale $D_2 = 378 \cdot \dfrac{1110}{970} = 432$ kg. (Abb. 72.)

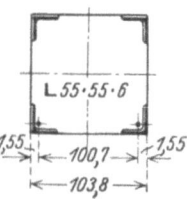

Abb. 71.

Gewählt wie bei Schuß 1: ⌐ $35 \cdot 35 \cdot 4 f = 2{,}67$ bzw. $2{,}11$ cm²;
$$i_{\min} = 0{,}68 \text{ cm}.$$

Größte Knicklänge $l = 111$ cm; $\dfrac{l}{i} = \dfrac{111}{0{,}68} = 163$; $\omega = 6{,}277$.

Größte Zugbeanspruchung $\quad k_z = \dfrac{0{,}432}{2{,}11} \approx 0{,}205$ t/cm².

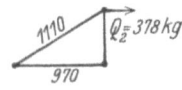

Abb. 72.

Größte Druckbeanspruchung $k_d = \dfrac{6{,}277 \cdot 0{,}432}{2{,}67} \approx 1{,}01$ t/cm².

Zum Anschluß gewählt je 1 Niet 13 ⌀ mit $f = 1{,}327$ cm².
Beanspruchung desselben sehr gering.

Durchbiegung des Mastes.

Die Durchbiegung an der Mastspitze beträgt nach Bürklin[1]
$$f = \left(\dfrac{3}{5} \cdot P + \dfrac{3}{8} \cdot W\right) \cdot \dfrac{l^3}{E \cdot J}. \quad \text{(Abb. 73.)}$$

Hierbei bedeuten: $P =$ Nutzlast, bezogen auf Mastspitze,
$\qquad W =$ Windlast auf den Mast,
$\qquad J =$ Trägheitsmoment am Mastfuß,
$\qquad E =$ Elastizitätsmodul $= 2{,}10$.

Die Nutzlast, bezogen auf Mastspitze
$$P_1 = \dfrac{1}{13{,}50}(0{,}1 \cdot 14{,}1 + 0{,}72 \cdot 12{,}4) = 765 \text{ kg}.$$

Trägheitsmoment $J = 4 \, (J_\xi + e^2 f)$; $J_\xi = 17{,}3$ cm⁴;
$\qquad\qquad\qquad\quad = 4 \, (17{,}3 + 50{,}35^2 \cdot 6{,}31) = 64050$ cm⁴. (Abb. 74.)

Somit $f = \left(\dfrac{3}{5} \cdot 765 + \dfrac{3}{8} \cdot 400\right) \cdot \dfrac{13{,}50^3}{2{,}10 \cdot 64050} \approx 11{,}1$ cm.

Abb. 73.

Die wirkliche Durchbiegung wird etwas größer sein.

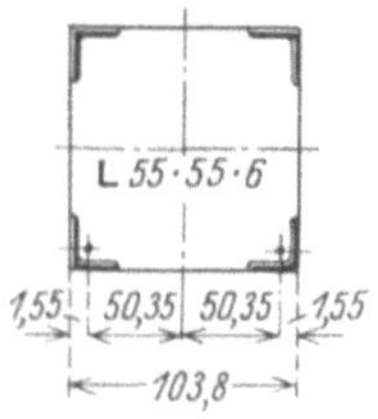

Betonfundament.

Die Berechnung desselben erfolgt nach den Formeln von Fröhlich[2].
Größte Querkraft siehe S. 28: $H = 1{,}22$ t.

Angriffspunkt $h = \dfrac{M_{\max}}{H} = \dfrac{12{,}988}{1{,}22} = 10{,}60$ m.

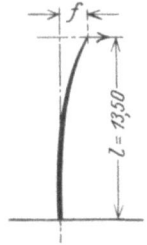

Abb. 74.

Breite des Fundaments gewählt $b_1 = 1{,}30$ m.
Tiefe des Fundaments gewählt $\quad t = 2{,}20$ m.
Nach Fröhlich ergibt sich die Sohlbreite b_2 wie folgt:

$$b_2^3 - 1{,}88 \cdot \dfrac{t + b_1}{t + 0{,}94} \cdot b_2^2 + 1{,}88 \cdot \dfrac{t + \dfrac{b_1}{2}}{t + 0{,}94} \cdot b_1 \cdot b_2 = \dfrac{Q}{1190} \cdot \dfrac{(t + 2 \cdot h)}{t(t + 0{,}94)};$$

$$b_2^3 - 1{,}88 \cdot \dfrac{2{,}20 + 1{,}30}{2{,}20 + 0{,}94} \cdot b_2^2 + 1{,}88 \cdot \dfrac{2{,}20 + 0{,}65}{2{,}20 + 0{,}95} \cdot 1{,}30 \cdot b_2 = \dfrac{1220}{1190} \cdot \dfrac{2{,}20 + 2 \cdot 10{,}60}{2{,}20(2{,}20 + 0{,}94)};$$

$$b_2^3 - 2{,}10 \cdot b_2^2 + 2{,}22 \cdot b_2 = 1{,}02 \cdot 3{,}39 = 3{,}46.$$

---

[1] A. a. O.   [2] A. a. O.

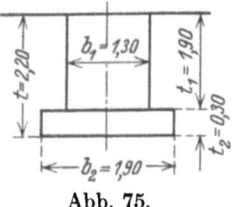

Abb. 75.

Für $b_2 = 1{,}90$ m eingesetzt ergibt: $6{,}86 - 7{,}60 + 4{,}22 = 3{,}48$; also $\gtreqless 3{,}46$. Die Abmessungen des Fundaments zeigt Abb. 75.

Querträger.

Eigen- und Eislast einer Leitung siehe S. 28 = 225 kg. Dazu 100 kg Eigenlast des Auslegers pro Drahtaufhängung. Somit Gesamtlast = 225 + 100 = 325 kg pro Aufhängepunkt. Die Stabkräfte sind nebenstehend graphisch ermittelt (Abb. 76 u. 77).

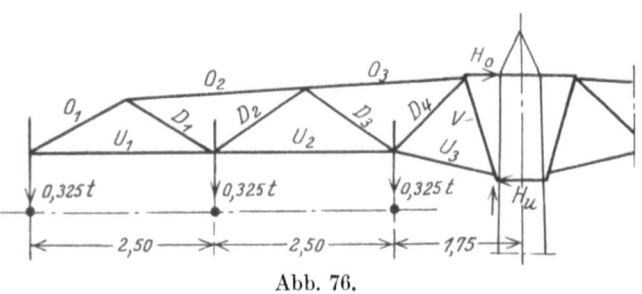

Abb. 76.

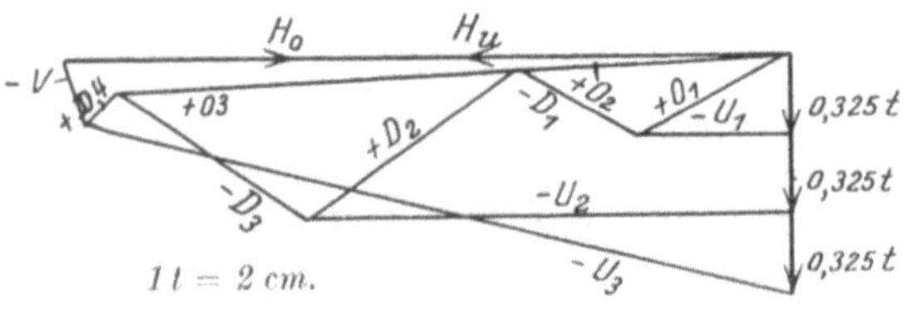

Abb. 77.

Obergurt:

$O_{max} = +2{,}80$ t.

Gewählt

$2 \, L \; 45 \cdot 45 \cdot 5;$

$f = 4{,}3 - 1{,}4 \cdot 0{,}5 = 3{,}6$ cm².

Größte Zugbeanspruchung $k_z = \dfrac{2{,}80}{2 \cdot 3{,}6} \approx 0{,}39$ t/cm²; Anschluß 3 Niete 14 ⌀.

Untergurt: $U_{max} = -3{,}00$ t; dazu in Feldmitte eine Einzellast (Monteur) von 100 kg.

Größtes Moment $M = \tfrac{1}{4} \cdot 0{,}10 \cdot 250 = 6{,}25$ t/cm.

Gewählt $\rrbracket\mathsf{C}$ N.P. $6\tfrac{1}{2}$ mit $f_{br} = 2 \cdot 9{,}03$ cm²; $W_x = 2 \cdot 17{,}7$ cm³; $i_{min} = 1{,}25$ cm, $i_x = 2{,}52$ cm.

Knicklänge $l_1 = 125$ cm; $l_2 = 250$; $\dfrac{l}{i} = \dfrac{125}{1{,}25} = 100$; $\omega = 2{,}36$.

Größte Beanspruchung

$$k_{max} = \dfrac{2{,}36 \cdot 3{,}00}{2 \cdot 9{,}03} + \dfrac{6{,}25}{2 \cdot 17{,}7} \approx 0{,}570 \text{ t/cm}^2.$$

Diagonalen: $D_{max} = \pm 1{,}10$ t. Gewählt für alle Diagonalen je 1 C N.P. 8 mit $f = 11{,}00 - 2 \cdot 1{,}4 \cdot 0{,}8 = 8{,}76$ cm²; $i_{min} = 1{,}33$ cm.

Größte Knicklänge $l = 150$ cm; $\dfrac{l}{i} = \dfrac{150}{1{,}33} = 113$;

$$\omega = 3{,}025.$$

Größte Zugbeanspruchung $k_z = \dfrac{1{,}10}{8{,}76} \approx 0{,}125$ t/cm².

Größte Druckbeanspruchung

$$k_d = \dfrac{3{,}025 \cdot 1{,}10}{11{,}00} \approx 0{,}300 \text{ t/cm}^2.$$

Zum Anschluß jeder Diagonale gewählt 2 Niete 14 ⌀ mit $f = 2 \cdot 1{,}539$ cm².

Größte Beanspruchung:

$$k_s = \dfrac{1{,}10}{2 \cdot 1{,}539} \approx 0{,}36 \text{ t/cm}^2;$$

$$k_l = \dfrac{1{,}10}{2 \cdot 1{,}4 \cdot 0{,}8} \approx 0{,}49 \text{ t/cm}^2.$$

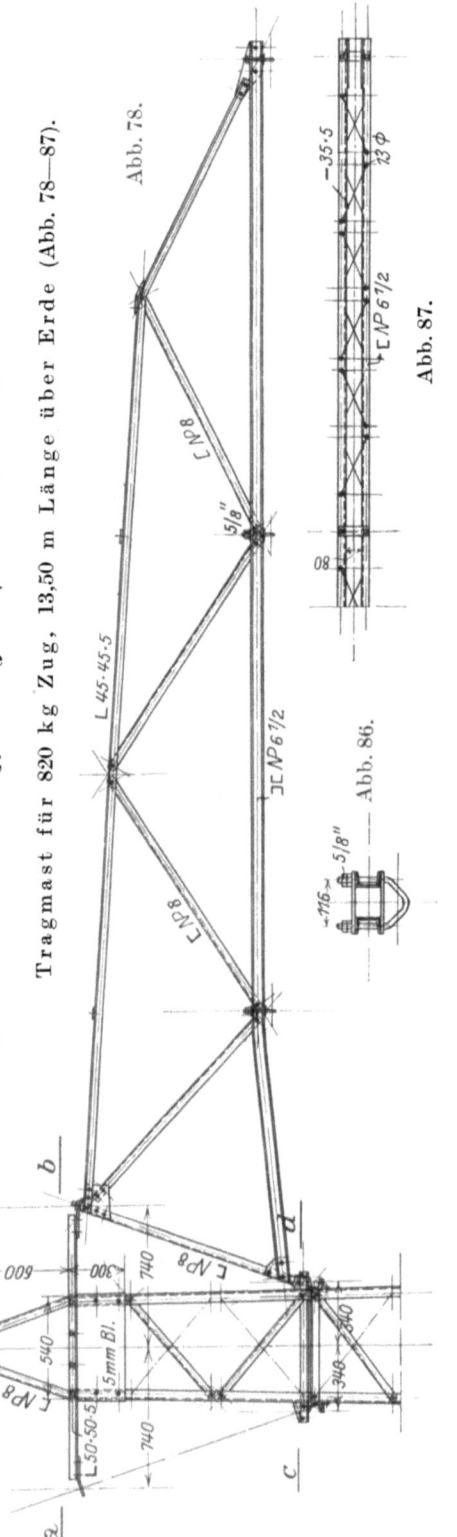

Tragmast für 820 kg Zug, 13,50 m Länge über Erde (Abb. 78—87).

Abb. 78.

Abb. 86.

Abb. 87.

Statische Berechnung eines Tragmastes für 820 kg Zug; 13,50 m Länge über Erde.

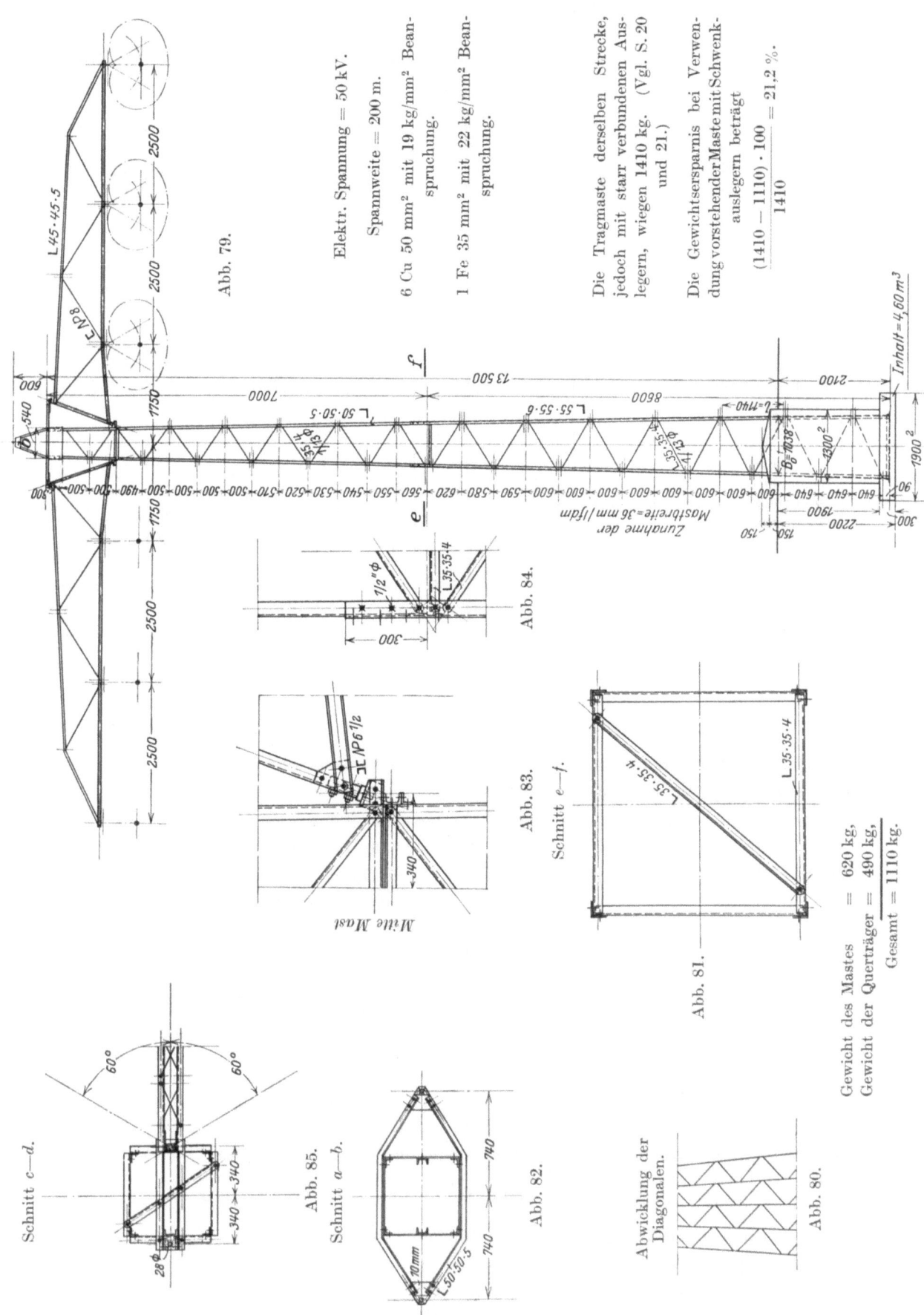

Abb. 79.

Elektr. Spannung = 50 kV.
Spannweite = 200 m.
6 Cu 50 mm² mit 19 kg/mm² Beanspruchung.
1 Fe 35 mm² mit 22 kg/mm² Beanspruchung.

Die Tragmaste derselben Strecke, jedoch mit starr verbundenen Auslegern, wiegen 1410 kg. (Vgl. S. 20 und 21.)

Die Gewichtsersparnis bei Verwendung vorstehender Maste mit Schwenkauslegern beträgt
$$\frac{(1410 - 1110) \cdot 100}{1410} = 21{,}2\,\%.$$

Abb. 84.

Abb. 83.

Abb. 81. Schnitt e—f.

Abb. 82. Schnitt a—b.

Abb. 85. Schnitt c—d.

Abb. 80. Abwicklung der Diagonalen.

Gewicht des Mastes = 620 kg,
Gewicht der Querträger = 490 kg,
Gesamt = 1110 kg.

Berechnungsbeispiele.

Tragmast für 820 kg Zug; 13,50 + 2,10 m Länge. 50 kV-Leitung. Mit schwenkbarem Ausleger.
Gewichtsberechnung.

Stück	Gegenstand	Gewicht Einheit kg	Gewicht Gesamt kg	Stück	Gegenstand	Gewicht Einheit kg	Gewicht Gesamt kg
	1. Blitzseilträger.				**3. Mast-Oberteil.**		
2	Gurtungen ⊏ N.P. 8 900	8,64	16	4	Eckeisen L 50·50·5 . . . 7000	3,77	105
1	Flacheisen 80·10 380	6,28	2	4	Kopfbleche 300·5 556	11,78	26
2	Bleche 180·6 120	8,48	2	52	Diagonalen L 35·35·4; 44,0 lfdm	2,10	92
1	Klemmplatte 60·10 120	4,71	1	2	Oberer Halter L 50·50·5 . .1520	3,77	11
	2. 1 Querträger-Arm.			2	Bleche dazu 160·10 200	12,56	5
2	Obergurte L 45·45·5 6100	3,38	41	2	Unterer Halter ⊏ N.P. 6½ . 590	7,09	8
2	Flacheisen 40·5 170	1,57	1	2	Unterer Halter L 50·50·5 . 800	3,77	6
1	Decklasche 170·6 120	8,01	1	2	Rahmen L 50·50·5 590	3,77	4
2	Untergurte ⊏ N.P. 6½ . . .6520	7,09	92	1	Diagonale L 35·35·4 810	2,10	2
30	Diagonalen 35·5 . . . 11,4 lfdm	1,37	16	2	Gebogene Bleche zum Lager 100·10 240	7,85	4
6	Flacheisen 40·6 170	1,88	2		**4. Mast-Unterteil.**		
3	Aufhängebügel ⅝" m. Bronzem.	1,00	3	4	Eckeisen L 55·55·6 8900	4,95	176
4	Diagonalen ⊏ N.P. 8 . 5,65 lfdm	8,64	49	56	Diagonalen L 35·35·4; 63,8 lfdm	2,10	134
2	Knotenbleche 140·6 . . . 180	6,59	2	4	Fuß L 50·50·5 1114	3,77	17
2	Knotenbleche 120·6 . . . 320	5,65	4	4	Horizontalen L 35·35·4 . . 784	2,10	7
2	Knotenbleche 120·6 . . . 140	5,65	2	1	Diagonale L 35·35·4 1005	2,10	2
1	Drehstütze ⊏ N.P. 8 1240	8,64	11		Für Schrauben und Nietköpfe 3%		21
2	Drehzapfen 26 ⌀	1,50	3		Gesamt		620
	Gewicht eines Armes.		227		**Zusammenstellung.**		
	Für 2 Arme = 2·227		454		Gewicht des Mastes		620
	Blitzseilträger		21		Gewicht der Quer- und Blitzseilträger.		490
	Für Schrauben und Nietköpfe 3% ≈		15				
	Gesamt		490		Gesamt		1110

Statische Berechnung eines Abspannmastes für 4360 kg Zug, 13,00 m über Erde.

Die größten Spannweiten betragen 200 m. Die elektrische Spannung = 50 kV.
Es werden folgende Leitungen verlegt:

1 Blitzseil Fe 35 mm² mit einer Höchstbeanspruchung von 22 kg/mm²,
6 Leitungen Cu 50 mm² mit einer Höchstbeanspruchung von 19 kg/mm².

Größter Durchhang der Leitungen bei −5° C und Zusatzlast:

$$f_{-5+z} = \frac{P \cdot l^2}{8 \cdot k_{max}} = \frac{0,01992 \cdot 200^2}{8 \cdot 19} \approx 5,25 \text{ m}.$$

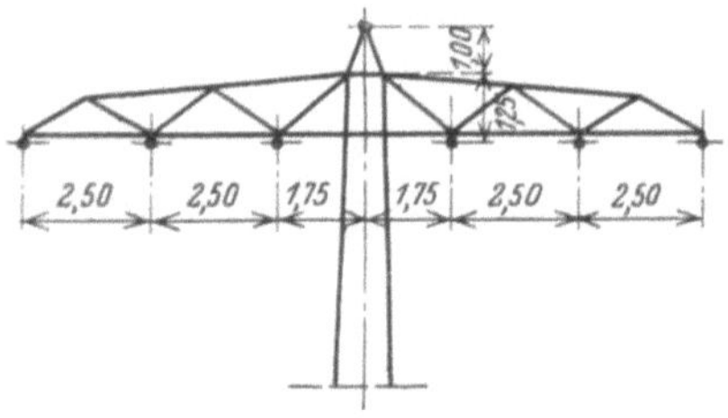

Mindestabstand der Leitungen voneinander:

$$a = 0,75 \cdot \sqrt{f_{max}} + \frac{U}{150} = 0,75 \cdot \sqrt{5,25} + \frac{50}{150} \approx 2,05 \text{ m}.$$

Abb. 88.

Gewählt mit Rücksicht auf große Betriebssicherheit $a = 2,50$ m. Anordnung der Leitungen am Mastkopf nach Abb. 88. Die zulässigen Beanspruchungen der Bauteile sind nach den „Vorschriften für Starkstrom-Freileitungen V.S.F. 1930", wie folgt angenommen:

Flußstahl: Zug-, Druck- und Biegungsbeanspruchung $k \gtreqless 1600$ kg/cm².
Niete: Abscheren $k_s \gtreqless 1280$; Lochleibung $k_l \gtreqless 4000$ kg/cm².
Schrauben (rohe): Abscheren $k_s \gtreqless 1000$; Lochleibung $k_l \gtreqless 2500$ kg/cm².

Für Belastungen aus Verdrehung gelten folgende Beanspruchungen:

Flußstahl: Zug-, Druck- und Biegungsbeanspruchung $\gtreqless 2000$ kg/cm².
Niete: Abscheren $k_s \gtreqless 1600$ kg/cm²; Lochleibung $k_l \gtreqless 5000$ kg/cm².
Schrauben (rohe): Abscheren $k_s \gtreqless 1280$ kg/cm²; Lochleibung $k_l \gtreqless 3100$ kg/cm².

Statische Berechnung eines Abspannmastes für 4360 kg Zug; 13.00 m Länge über Erde.

Erforderliche Mastlänge über Erde:
Abstand der unteren Leitung vom Erdboden an der tiefsten Stelle = 6,50 m
Größter Durchhang bei −5° C und Zusatzlast . . . . = 5,25 „
Vom Aufhängepunkt der unteren Leitung bis Mastspitze . . . . = 1,25 „
Erforderliche Länge = 13,00 m

Gewählte Mastlänge = 13,00 m über und 2,20 m unter Erde.

Der Abspannmast ist zu berechnen für $^2/_3$ der einseitigen Leitungszüge. Dieselben betragen für:
das Blitzschutzseil $P_1 = \tfrac{2}{3} \cdot 35 \cdot 22 = 520$ kg,
eine Leitung $P_2 = \tfrac{2}{3} \cdot 50 \cdot 19 = 640$ kg.

Eigen- und Eislast der Drähte für ein halbes Spannfeld:
für das Blitzschutzseil $G_1 = 0,78 \cdot 200 \cdot \tfrac{1}{2} \approx 80$ kg,
für eine Leitung $= 1,00 \cdot 200 \cdot \tfrac{1}{2} = 100$ kg $+ 60$ kg für 2 Isolatorenketten $= 160$ kg.
Gesamte Eigenlast für: Drähte, Isolatoren, Querträger und Schuß 1 ≈ 2000 kg.
Windlast auf Schuß 1:
$$W_1 = 125 \cdot 1,5 \cdot 7,00 \,(2 \cdot 0,07 + 1,3 \cdot 0,05) \approx 300 \text{ kg}.$$

Die größten Momente betragen (Abb. 89):
$$\begin{aligned}
M = 0,52 \cdot 8,00 &= 4,16 \text{ mt} \\
3,84 \cdot 5,75 &= 22,08 \text{ „} \\
0,30 \cdot 3,50 &= 1,05 \text{ „} \\
M_1 &= 27,29 \text{ mt} \\
4,66 \cdot 6,00 &= 27,96 \text{ „} \\
0,30 \cdot 3,00 &= 0,90 \text{ „} \\
H_{\max} = 4,96 \text{ t}; \; M_0 &= 56,15 \text{ mt}
\end{aligned}$$

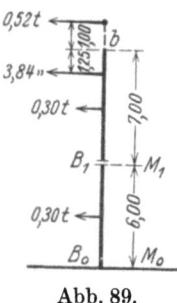

Abb. 89.

Obere Mastbreite $b = 720$ mm. Zunahme der Breite $= 44$ mm/lfdm.
Mastbreite am Stoß $= 720 + 7,0 \cdot 44 = 1028$ mm.
Mastbreite am Erdboden: $B_0 = 720 + 13,0 \cdot 44 + 2 \cdot 10 = 1312$ mm.

Schuß 1.

Größte Gurtkräfte $\pm S_1 = \dfrac{27,29}{2 \cdot 0,986} = 13,8 \mp \dfrac{2,00}{4} = \pm \begin{matrix}13,30 \text{ t,}\\14,30 \text{ t.}\end{matrix}$ (Abb. 90).

Gewählt L 70·70·8 mit $f = 10,56 - 1,7 \cdot 0,8 = 9,20$ cm²; $i_\xi = 2,11$ cm.

Größte Knicklänge $l = 109$ cm; $\dfrac{l}{i} = \dfrac{109}{2,11} = 52$; $\omega = 1,19$.

Größte Zugbeanspruchung $k_z = \dfrac{13,30}{9,20} \approx 1,44$ t/cm².

Größte Druckbeanspruchung $k_d = \dfrac{1,19 \cdot 14,30}{10,56} \approx 1,59$ t/cm².

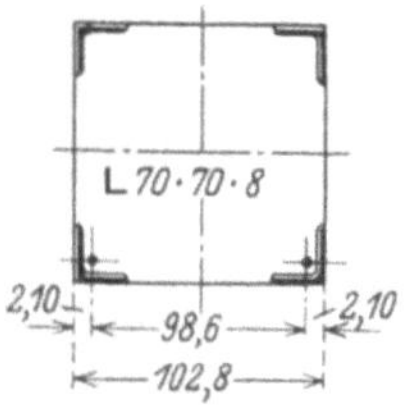

Zum Anschluß des Stoßes gewählt 8 Schrauben $^5/_8''$ mit $f = 1,978$ cm².

Abb. 90.

Größte Beanspruchung: auf Abscheren $k_s = \dfrac{14,30}{8 \cdot 1,978} \approx 0,905$ t/cm².

Größte Beanspruchung: auf Lochleibung $k_l = \dfrac{14,30}{8 \cdot 1,59 \cdot 0,8} \approx 1,40$ t/cm².

Diagonalen. Dieselben erhalten die größte Beanspruchung beim Reißen eines Leitungsdrahtes.
Größte Zuglast einer Leitung $P = 50 \cdot 19 = 950$ kg.
Größter Hebelarm der Zuglast $= 6,75$ m.
Größte Querkraft einer Mastwand:
$$Q = \frac{P \cdot l}{2 \cdot a} + \frac{P}{2} = \frac{0,95 \cdot 6,75}{2 \cdot 0,731} + \frac{0,95}{2} \approx 4,855 \text{ t (Abb. 91)}.$$

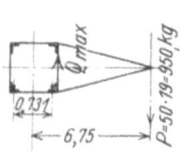

Abb. 91.

Die größte Stabkraft bekommt die erste Diagonale unter dem Querträger mit folgenden Werten (Abb. 92):
Hebelarm $r_1 = 15,785 \cdot \dfrac{716}{864} \approx 13,10$ m; $h = \dfrac{720 - 80}{44} \approx 14,54$ m.

Diagonalkraft $D_1 = \dfrac{4,855 \cdot 15,74}{13,10} \approx 5,47$ t.

Gewählt L 50 · 50 · 5 mit $f = 4,80 - 1,7 \cdot 0,5 = 3,95 \text{ cm}^2$; $i_{min} = 0,98$.

Knicklänge $l = 86,4 - 13,0 = 73,4 \text{ cm}$; $\frac{l}{i} = \frac{73,4}{0,98} = 75$; $\omega = 1,49$.

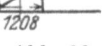

Größte Zugbeanspruchung $k_z = \frac{5,47}{3,95} \approx 1,38 \text{ t/cm}^2$.

Größte Druckbeanspruchung $k_d = \frac{1,49 \cdot 5,47}{4,80} \approx 1,70 \text{ t/cm}^2$.

Diagonale im unteren Felde des ersten Schusses:

Hebelarm $r_2 = 20,995 \cdot \frac{946}{1065} \approx 18,62 \text{ m}$.

Diagonalkraft $D_2 = \frac{4,855 \cdot 15,74}{18,62} \approx 4,10 \text{ t}$.

Knicklänge $l_2 = 106,5 - 14,0 = 92,5 \text{ cm}$; $\frac{l}{i} = \frac{92,5}{0,98} = 95$; $\omega = 2,12$.

Beanspruchung $k_z = \frac{4,10}{3,95} \approx 1,04 \text{ t/cm}^2$; $k_d = \frac{2,12 \cdot 4,10}{4,80} \approx 1,81 \text{ t/cm}^2$.

Zum Anschluß gewählt je 2 Niete 17 ⌀ mit $f = 2 \cdot 2,27 \text{ cm}^2$.

Größte Beanspruchung: auf Abscheren $k_s = \frac{5,47}{2 \cdot 2,27} \approx 1,20 \text{ t/cm}^2$.

Größte Beanspruchung: auf Lochleibung $k_l = \frac{5,47}{2 \cdot 1,7 \cdot 0,5} \approx 3,22 \text{ t/cm}^2$.

Abb. 92.

Aus der Nutzlast ergibt sich folgende Stabkraft:

$$D_1 = \frac{1}{13,10}(0,26 \cdot 13,54 + 1,92 \cdot 15,74) = \frac{33,77}{13,10} = 2,58 \text{ t}.$$

Beanspruchung $k_z = \frac{2,58}{3,95} \approx 0,65 \text{ t/cm}^2$; $k_d = \frac{1,49 \cdot 2,58}{4,80} = 0,80 \text{ t/cm}^2$.

$$D_2 = \frac{1}{18,62}(33,77 + 0,15 \cdot 18,04) = \frac{36,48}{18,62} = 1,96 \text{ t}.$$

Beanspruchung $k_z = \frac{1,96}{3,95} = 0,5 \text{ t/cm}^2$; $k_d = \frac{2,12 \cdot 1,96}{4,80} = 0,865 \text{ t/cm}^2$.

Größte Beanspruchung der Niete aus der Nutzlast:

auf Abscheren $k_s = \frac{2,58}{2 \cdot 2,27} = 0,57 \text{ t/cm}^2$; $k_l = \frac{2,58}{2 \cdot 1,7 \cdot 0,5} = 1,52 \text{ t/cm}^2$.

Schuß 2.

Windlast $W_2 = 125 \cdot 1,5 \cdot 6,00 (2 \cdot 0,09 + 1,3 \cdot 0,055) \approx 300 \text{ kg}$.

Eigenlast $G_2 = 2000 + 600 = 2600 \text{ kg}$.

Größte Gurtkräfte $\pm S_0 = \frac{56,15}{2 \cdot 1,26} = 22,30 \mp \frac{2,60}{4} = \pm \begin{smallmatrix}21,65\\22,95\end{smallmatrix} \text{ t}$. (Abb. 93.)

Gewählt L 90 · 90 · 10 mit $f = 17,10 - 1,7 \cdot 1,0 = 15,40 \text{ cm}^2$; $i_\xi = 2,73 \text{ cm}$.

Größte Knicklänge $l = 133 \text{ cm}$; $\frac{l}{i} = \frac{133}{2,73} = 49$; $\omega = 1,16$.

Größte Zugbeanspruchung $k_z = \frac{21,65}{15,40} \approx 1,40 \text{ t/cm}^2$.

Größte Druckbeanspruchung $k_d = \frac{1,16 \cdot 22,95}{17,10} \approx 1,56 \text{ t/cm}^2$.

Untere Diagonale im zweiten Schuß:

Abb. 93. Hebelarm $r_u = 26,835 \cdot \frac{1208}{1350} = 24,05 \text{ m}$.

Diagonalkraft aus Verdrehung $D_u = \frac{4,855 \cdot 15,74}{24,05} = 3,18 \text{ t}$.

Gewählt L 55 · 55 · 5 mit $f = 5,32 - 2,0 \cdot 0,5 = 4,32 \text{ cm}^2$; $i_{min} = 1,07 \text{ cm}$.

Größte Knicklänge $l = 135 - 14 = 121 \text{ cm}$; $\frac{l}{i} = \frac{121}{1,07} = 113$; $\omega = 3,025$.

Beanspruchung $k_z = \frac{3,18}{4,32} = 0,74 \text{ t/cm}^2$; $k_d = \frac{3,025 \cdot 3,18}{5,32} = 1,80 \text{ t/cm}^2$.

Zum Anschluß gewählt 1 Niet 20 ⌀ mit $f = 3,14 \text{ cm}^2$.

Statische Berechnung eines Abspannmastes für 4360 kg Zug; 13,00 m Länge über Erde. 35

Größte Beanspruchung: auf Abscheren $k_s = \frac{4{,}10}{3{,}14} = 1{,}30 \text{ t/cm}^2$.

Größte Beanspruchung: auf Lochleibung $k_l = \frac{4{,}10}{2{,}0 \cdot 0{,}5} = 4{,}10 \text{ t/cm}^2$.

Diagonalkraft aus Nutzlast $D_u = \frac{1}{24{,}05}(36{,}48 + 0{,}15 \cdot 24{,}54) = 1{,}67$ t.

Beanspruchung $k_z = \frac{1{,}67}{4{,}32} = 0{,}387 \text{ t/cm}^2$; $k_d = \frac{3{,}025 \cdot 1{,}67}{5{,}32} = 0{,}95 \text{ t/cm}^2$.

Nietbeanspruchung aus der Nutzlast sehr gering.

Nach den „Vorschriften V.S.F. 1930" sind für die Anschlüsse mit Nieten von 20 mm ⌀ mindestens ∟ 60·60·6 zu verwenden.

Durchbiegung des Mastes.

Die Durchbiegung unter Nutzlast und Winddruck beträgt an der Mastspitze nach Bürklin[1]

$$f = \left(\frac{3}{5} \cdot P' + \frac{3}{8} \cdot W\right) \cdot \frac{l^3}{E \cdot J}. \quad \text{(Abb. 94.)}$$

Hierbei bedeuten: P' = Nutzlast, bezogen auf Mastspitze,
W = Windlast auf den Mast = 600 kg,
J = Trägheitsmoment am Mastfuß,
E = Elastizitätsmodul = 2,10.

Die Nutzlast, bezogen auf Oberkante Mast beträgt:

$$P' = \frac{1}{13{,}00}(0{,}52 \cdot 14{,}00 + 3{,}84 \cdot 11{,}75) = 4030 \text{ kg}.$$

Abb. 94.

Trägheitsmoment $J = 4(J_\xi + e^2 \cdot f) = 4(127 + 63{,}0^2 \cdot 17{,}1) = 271\,990 \text{ cm}^4$.

Somit $f = \left(\frac{3}{5} \cdot 4030 + \frac{3}{8} \cdot 600\right) \cdot \frac{13{,}00^3}{2{,}10 \cdot 271\,990} = 10{,}2$ cm.

Die wirkliche Durchbiegung wird etwas größer sein.

Betonfundament.

Die Berechnung desselben erfolgt nach den Formeln von Fröhlich[2].

Gesamte Horizontalkraft siehe S. 33: $H_{\max} = 4{,}96$ t.

Angriffspunkt desselben $h = \frac{M_{\max}}{H_{\max}} = \frac{56{,}15}{4{,}96} = 11{,}30$ m.

Tiefe des Fundaments gewählt $t = 2{,}50$ m.
Breite des Fundaments gewählt $b_1 = 1{,}60$ m.

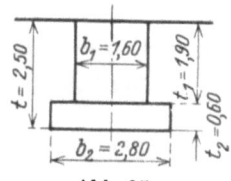

Abb. 95.

Nach Fröhlich berechnet sich die Sohlenbreite b_2 wie folgt:

$$b_2^3 - 1{,}88 \cdot \frac{t + b_1}{t + 0{,}94} \cdot b_2^2 + 1{,}88 \cdot \frac{t + \frac{b_1}{2}}{t + 0{,}94} \cdot b_1 \cdot b_2 = \frac{H}{1190} \cdot \frac{(t + 2 \cdot h)}{t(t + 0{,}94)};$$

$$b_2^3 - 1{,}88 \cdot \frac{2{,}50 + 1{,}60}{2{,}50 + 0{,}94} \cdot b_2^2 + 1{,}88 \cdot \frac{2{,}50 + 0{,}80}{2{,}50 + 0{,}94} \cdot 1{,}6 \cdot b_2 = \frac{4960}{1190} \cdot \frac{(2{,}50 + 2 \cdot 11{,}3)}{2{,}50(2{,}50 + 0{,}94)};$$

$$b_2^3 - 2{,}24 \cdot b_2^2 + 2{,}89 \cdot b_2 = 4{,}16 \cdot 2{,}92 = 12{,}10.$$

Für $b_2 = 2{,}80$ eingesetzt ergibt: $21{,}9 - 17{,}6 + 8{,}1 = 12{,}4$; also ≅ 12,10 wie erforderlich. Die Abmessungen des Fundaments zeigt Abb. 95.

Querträger.

Dieselben sind zu berechnen für den ungünstigen Fall gerissener Leitungen.

Eigen- und Eislast einer Leitung für ein halbes Spannfeld siehe S. 33: 100 kg + 30 kg für 1 Isolatorenkette = 130 kg. Dazu 70 kg Eigenlast des Querträgers, wirkend am Aufhängepunkt der Leitungen. Zusammen = 200 kg.

Größter Zug einer Leitung $P = 50 \cdot 19 = 950$ kg.

Schwerpunktsabstand des Untergurts = $720 + 1{,}2 \cdot 44 - 2 \cdot 15{,}5 = 742$ mm.

---

[1] A. a. O.   [2] A. a. O.

Berechnungsbeispiele.

Die größten Gurtkräfte betragen:

1. aus Leitungszug

$$\pm S_1 = \frac{0{,}95}{0{,}742}(1{,}40 + 3{,}90 + 6{,}40) = \pm 15{,}00 \text{ t},$$

2. aus Vertikallast

$$\pm S_2 = \frac{0{,}20}{1{,}19}(1{,}40 + 3{,}90 + 6{,}40) = \pm 1{,}95 \text{ t}.$$

Gesamte Stabkraft:

für den Obergurt $= +1{,}95$ t,

für den Untergurt $\pm 15{,}00 - 1{,}95 = \pm \begin{matrix}13{,}05 \text{ t},\\16{,}95 \text{ t}.\end{matrix}$

Gewählt für den Obergurt

1 L 40 · 40 · 4 mit $f = 3{,}08 - 1{,}4 \cdot 0{,}4 = 2{,}52 \text{ cm}^2$.

Größte Zugbeanspruchung $k_z = \frac{1{,}95}{2{,}52} = 0{,}77$ t/cm².

Gewählt für den Untergurt 1 ⊏ N.P. 8, verstärkt in den beiden letzten Feldern durch 1 Flacheisen 40 · 6 (Abb. 96).

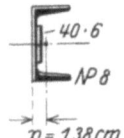

Gesamter Querschnitt

$f = 11{,}00 + 4{,}00 \cdot 0{,}6 = 13{,}4 - 2 \cdot 1{,}4 \cdot 0{,}8 = 11{,}16 \text{ cm}^2$.

Schwerpunktsabstand

$$\eta = \frac{1}{13{,}40}(11{,}0 \cdot 1{,}45 + 2{,}4 \cdot 0{,}9) = 1{,}38 \text{ cm}.$$

Abb. 96.

Abstände von der Schwerpunktsachse:

$\eta_1 = 1{,}45 - 1{,}38 = 0{,}07$ cm;

$\eta_2 = 1{,}38 - 0{,}90 = 0{,}48$ cm.

Trägheitsmoment

$$J_{\min} = J + e^2 \cdot f$$
$$= 19{,}4 + 0{,}07^2 \cdot 11{,}0 + (\tfrac{1}{12} \cdot 4{,}0 \cdot 0{,}6^3) + 0{,}48^2 \cdot 2{,}4$$
$$= 20{,}07 \text{ cm}^4.$$

Trägheitsradius $i_{\min} = \sqrt{\dfrac{J}{F_{\text{br}}}} = \sqrt{\dfrac{20{,}07}{13{,}40}} = 1{,}22$ cm.

Knicklänge in den beiden letzten Feldern

$l = 70$ cm; $\dfrac{l}{i} = \dfrac{70}{1{,}22} = 57$; $\omega = 1{,}23$.

Größte Zugbeanspruchung $k_z = \dfrac{13{,}05}{11{,}16} = 1{,}17$ t/cm².

Größte Druckbeanspruchung $k_d = \dfrac{1{,}23 \cdot 16{,}95}{13{,}40} = 1{,}55$ t/cm².

In den übrigen Feldern ist die Beanspruchung der Gurtung geringer.

Die Gurtung wird angeschlossen mit 9 Schrauben $^5/_8''$ ⌀ von je 1,978 cm² Querschnitt.

Größte Beanspruchung: auf Abscheren

$$k_s = \frac{16{,}95}{9 \cdot 1{,}978} = 0{,}95 \text{ t/cm}^2.$$

Größte Beanspruchung: auf Lochleibung

$$k_l = \frac{16{,}95}{1{,}59 (6 \cdot 0{,}8 + 3 \cdot 0{,}6)} = 1{,}61 \text{ t/cm}^2.$$

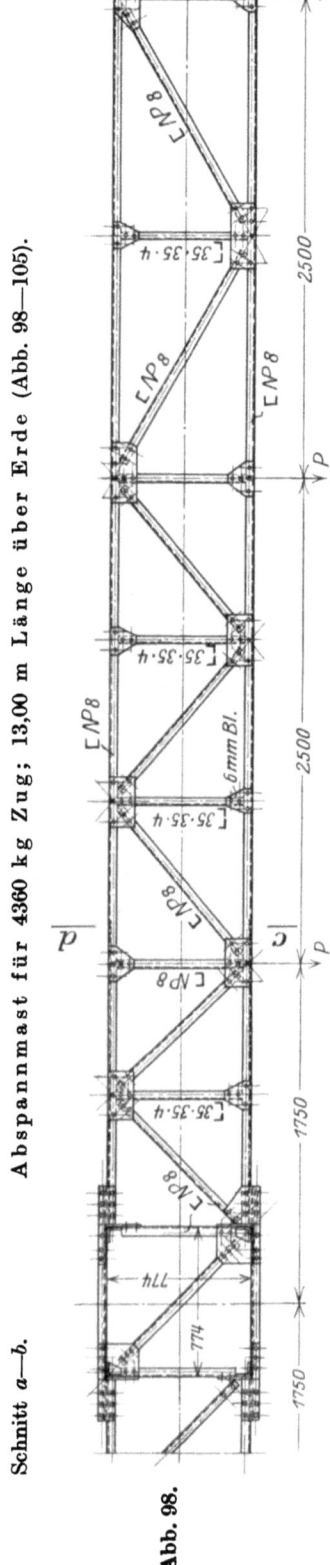

Abspannmast für 4360 kg Zug; 13,00 m Länge über Erde (Abb. 98—105). Schnitt a—b. Abb. 98.

Statische Berechnung eines Abspannmastes für 4360 kg Zug; 13,50 m Länge über Erde.

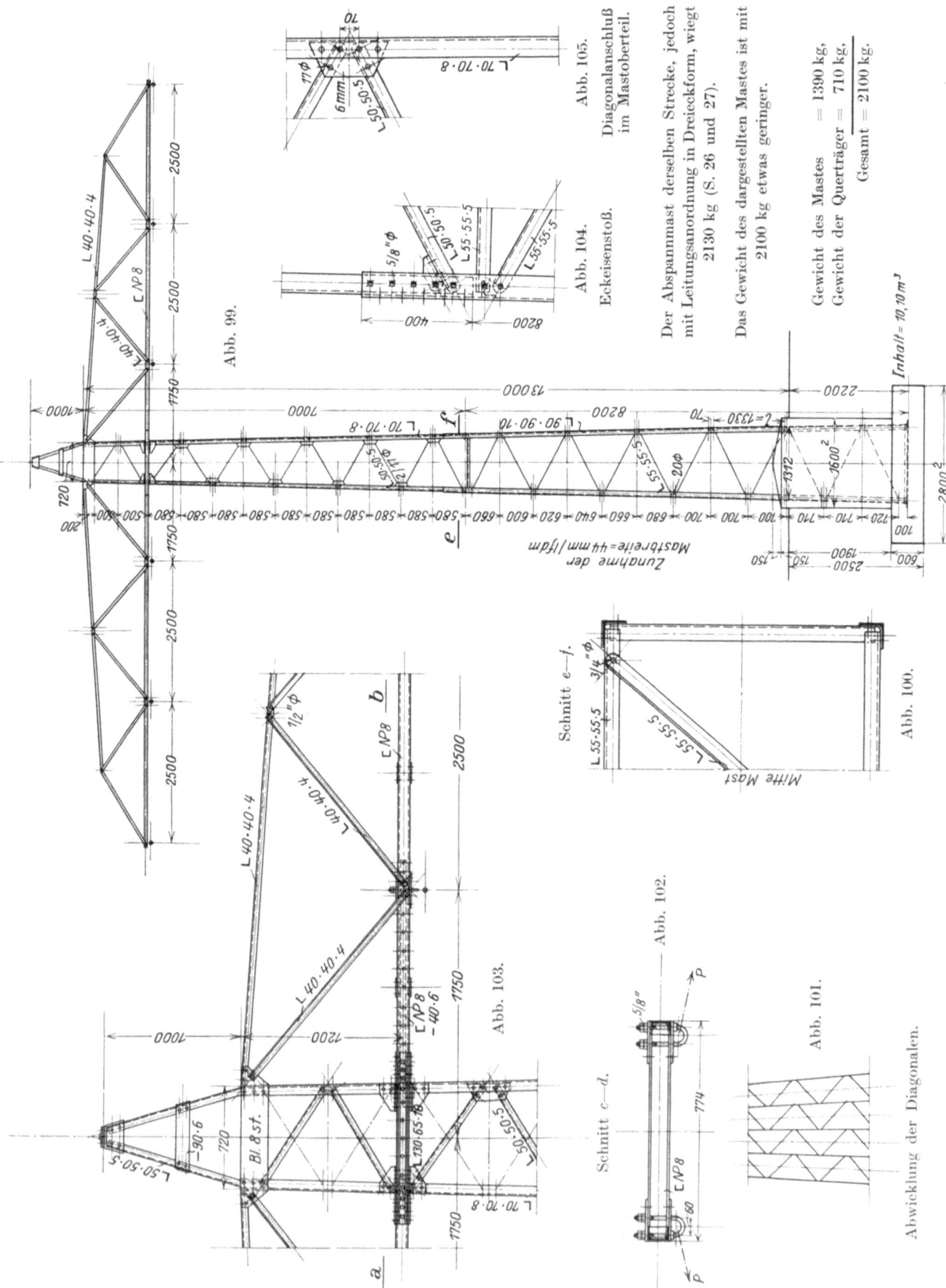

Abb. 105. Diagonalanschluß im Mastoberteil.

Abb. 104. Eckeisenstoß.

Der Abspannmast derselben Strecke, jedoch mit Leitungsanordnung in Dreieckform, wiegt 2130 kg (S. 26 und 27).

Das Gewicht des dargestellten Mastes ist mit 2100 kg etwas geringer.

Gewicht des Mastes = 1390 kg,
Gewicht der Querträger = 710 kg,
Gesamt = 2100 kg.

Abb. 99.

Schnitt e–f. Abb. 100.

Abb. 103.

Schnitt c–d. Abb. 102.

Abb. 101. Abwicklung der Diagonalen.

Wandglieder des Vertikalträgers.

Die Stabkraft der längsten Druckdiagonale D_2 beträgt nach Ritter (Abb. 97):

$$-D_2 = \frac{0{,}20}{10{,}20}(11{,}0 + 13{,}5) = -0{,}48 \text{ t}.$$

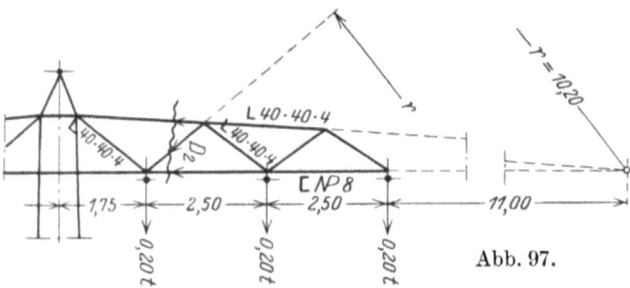

Abb. 97.

Gewählt 1 L 40·40·4 mit $f = 3{,}08 - 1{,}4 \cdot 0{,}4 = 2{,}52$ cm²; $i_{\min} = 0{,}78$ cm.

Knicklänge $l = 152$ cm; $\frac{l}{i} = \frac{152}{0{,}78} = 195$; $\omega = 8{,}99$.

Größte Zugbeanspruchung $k_z = \frac{0{,}48}{2{,}52} = 0{,}19$ t/cm².

Größte Druckbeanspruchung $k_d = \frac{8{,}99 \cdot 0{,}48}{3{,}08} = 1{,}40$ t/cm².

Für die übrigen Wandglieder ist das gleiche Profil gewählt worden.
Zum Anschluß je 1 Schraube ½″ ⌀ mit $f = 1{,}267$ cm².

Beanspruchung: auf Abscheren $k_s = \frac{0{,}48}{1{,}267} = 0{,}38$ t/cm².

Beanspruchung: auf Lochleibung $k_l = \frac{0{,}48}{1{,}27 \cdot 0{,}4} = 0{,}95$ t/cm².

Abspannmast für 4360 kg Zug; 13,00 + 2,20 m Länge. 50 kV-Leistung.
Gewichtsberechnung.

Stück	Gegenstand	Einheit kg	Gesamt kg	Stück	Gegenstand	Einheit kg	Gesamt kg
	1. Mast-Oberteil.				Übertrag		209
4	Eckeisen L 70·70·8 7000	8,36	234	8	Knotenbleche 120·6 150	5,65	7
2	Kopfbleche 200·8 980	12,56	} 43	6	Knotenbleche 180·6 150	8,48	8
2	Kopfbleche 200·8 730	12,56		16	Knotenbleche 150·6 240	7,07	27
48	Diagonalen L 50·50·5; 49,2 lfdm	3,77	185	2	Laschen 90·8 210	5,65	2
40	Knotenbleche 120·6 240	5,65	54	12	Bindeflacheisen 40·6 80	1,88	2
2	Rahmen ⌶ N.P. 8 630	8,64	11	6	Aufhängebügel ⅝″	1,00	6
4	Anschlußbleche 180·8 . . . 180	11,3	8	2	Obergurte L 40·40·4 6700	2,42	32
1	Diagonale ⌶ N.P. 8 900	8,64	8	8	Diagonalen L 40·40·4; 12,7 lfdm	2,42	31
4	Anschlußbleche 180·6 . . . 220	8,48	7	2	Verbindungen L 35·35·4 . . 720	2,10	3
2	Verbindungen ⌶ N.P. 8 . . .1210	8,64	21		Gesamt		327
	2. Mast-Unterteil.				Für 2 Querträger-Arme = 2·327		654
4	Eckeisen L 90·90·10 8600	13,45	463		**4. Blitzseilträger.**		
48	Diagonalen L 55·55·5; 64,6 lfdm	4,18	270	4	Eckeisen L 50·50·5 1280	3,77	19
4	Fuß L 55·55·5 1410	4,18	} 45	2	Bleche 120·6 200	5,65	2
4	Horizontalen L 55·55·5 . . 980	4,18		1	Lasche 200·8 460	12,56	6
1	Diagonale L 55·55·5 1300	4,18		1	Klemmplatte 120·8 120	7,54	1
	Für Schrauben und Nietköpfe 3%		41	4	Querbleche 90·6 480	4,24	8
	Gesamt		1390		Für Schrauben und Nietköpfe 3%		20
	3. 1 halber Querträger.				Gesamt		710
2	Untergurte ⌶ N.P. 8 6450	8,64	111				
3	Horizontalen ⌶ N.P. 8 . . . 680	8,64	18		**Zusammenstellung.**		
8	Horizontalen L 35·35·4 . . 680	2,10	11		Gewicht des Mastes		1390
7	Diagonalen ⌶ N.P. 8 . 7,32 lfdm	8,64	63		Gewicht der Querträger		710
2	Flacheisen 40·6 1500	1,88	6		Gesamt		2100
	Zu übertragen		209				

8. 220-kV-Leitung, 350 m Spannweite, mit starren Auslegern.
Statische Berechnung eines Tragmastes für 3850 kg Zug und 30,5 m Länge über Erde.
Grundlagen der Berechnung.

Die größten Mastabstände betragen 376 m, die normalen 350 m. Die elektrische Spannung beträgt 220 kV. Verlegt werden folgende Seile:

1 Blitzseil 70^2 mit höchstens 20 kg/mm² Beanspruchung;

6 Hohlseile 25 mm ⌀ 195^2 mit höchstens 16 kg/mm².

Drahtabstand voneinander bei $f_{max} = 14{,}10$ m (Abb. 106),

$a = 0{,}75 \cdot \sqrt{14{,}10} + \dfrac{220}{150} = 4{,}29$ m, gewählt 7,50 m.

Eigenlast eines Hohlseiles einschließlich Eislast gleich 2,773 kg/lfdm.

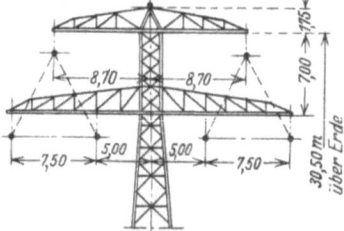

Abb. 106.

Die zulässigen Beanspruchungen der Bauteile sind nach den „Vorschriften für Starkstrom-Freileitungen V.S.F. 1930" wie folgt angenommen:

Flußstahl: Zug-, Druck- und Biegungsbeanspruchung = 1600 kg/cm².

Niete: Abscheren $k_s = 1280$, Lochleibung $k_l = 4000$ kg/cm².

Schrauben (rohe): Abscheren $k_s = 1000$, Lochleibung $k_l = 2500$ kg/cm².

Erdbelastung ≧ 2,50 kg/cm², Standsicherheit $n \lessgtr 1{,}5$fach.

Böschungswinkel für Erdauflast = 20°.

Für Belastungen aus Verdrehung gelten folgende Beanspruchungen:

Flußstahl: $k_z = k_d = k_b$: 2000 kg/cm².

Niete: $k_s = 1600$, $k_l = 5000$ kg/cm².

Schrauben (rohe): $k_s = 1280$, $k_l = 3100$ kg/cm².

Das Netz des Mastes und die Systemlängen sind auf S. 43 dargestellt. Die Konstruktion ist aus der Zeichnung S. 47 zu ersehen.

Schuß 1.

Schußlänge = 7,20 m, prismatisch; Breite $B_1 = 2{,}00$ m.

Windlast des Blitzseiles = $125 \cdot 0{,}5 \cdot 0{,}0105 \cdot 376 = \sim 250$ kg.

Windlast für 1 Hohlseil = $125 \cdot 0{,}5 \cdot 0{,}025 \cdot 376 = \sim 585$ kg, dazu

Windlast für 1 Isolatorenkette ~ 15 kg, zusammen = 600 kg.

Windlast auf den Mastschuß = $125 \cdot 1{,}5 \cdot 7{,}20 (2 \cdot 0{,}07 + 3 \cdot 0{,}06) = \sim 450$ kg.

Eigenlast und Eislast des Blitzseiles = $1{,}24 \cdot 376 = \sim 470$ kg.

Eigenlast und Eislast für 2 Hohlseile = $2 \cdot 2{,}773 \cdot 376 = \sim 2080$ kg.

Eigenlast für 2 Hängeisolatorenketten = 200 kg.

Eigenlast des oberen Querträgers = ~ 1200 kg und Schuß 1 = 850 kg.

Somit Gesamtlast = $470 + 2080 + 200 + 1200 + 850 = 4800$ kg.

Die Angriffspunkte der Zuglasten siehe Abb. 107. Die größten Momente betragen:

$$
\begin{array}{rcl}
M = 0{,}25 \cdot 8{,}95 &=& 2{,}23 \text{ mt} \\
1{,}20 \cdot 7{,}20 &=& 8{,}64 \text{ ,,} \\
0{,}45 \cdot 3{,}60 &=& \underline{1{,}62 \text{ ,,}} \\
M_I &=& 12{,}49 \text{ mt} \\
1{,}90 \cdot 8{,}50 &=& 16{,}15 \text{ mt} \\
2{,}40 \cdot 8{,}50 &=& 20{,}40 \text{ ,,} \\
0{,}70 \cdot 4{,}25 &=& \underline{2{,}975 \text{ ,,}} \\
M_{II} &=& 52{,}015 \text{ mt} \\
5{,}00 \cdot 7{,}60 &=& 38{,}00 \text{ mt} \\
0{,}66 \cdot 3{,}80 &=& \underline{2{,}508 \text{ ,,}} \\
M_{III} &=& 92{,}523 \text{ mt} \\
5{,}66 \cdot 7{,}20 &=& 40{,}752 \text{ ,,} \\
0{,}70 \cdot 3{,}60 &=& \underline{2{,}520 \text{ ,,}} \\
\underline{H_{max} = 6{,}36 \text{ t};} \quad M_{IV} &=& 135{,}795 \text{ mt}
\end{array}
$$

Der Mast ist vierschüssig, mit Riegeln und Doppeldiagonalen konstruiert.

Schwerpunktsabstand der Eckeisen:

$B_{1s} = 200 - 2 \cdot 2{,}0 = 196$ cm.

Schuß 1 prismatisch 2,00 m breit.

Schuß 2 bis 4: Zunahme der Mastbreite = 160 mm/lfdm.

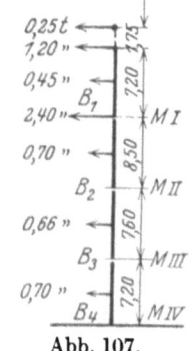

Abb. 107.

Größte Stabkräfte $\pm S = \dfrac{12{,}49}{2 \cdot 1{,}96} = \sim 3{,}18 \mp \dfrac{4{,}80}{4} = \pm \dfrac{1{,}98 \text{ t,}}{4{,}38 \text{ t.}}$ (Abb. 108.)

Gewählt L 70 · 70 · 7 mit $f = 9{,}40 - 2 \cdot 2{,}0 \cdot 0{,}7 = 6{,}6 \text{ cm}^2$; $i_{\min} = 1{,}37$ cm.

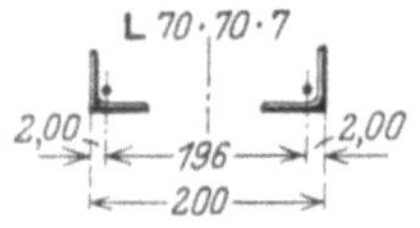

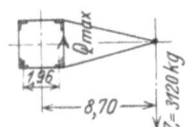

Abb. 108.

Knicklänge $l = 141{,}8$ cm; $\dfrac{l}{i} = \dfrac{141{,}8}{1{,}37} = \sim 103$; $\omega = 2{,}51$.

Größte Zugbeanspruchung $k_z = \dfrac{1{,}98}{6{,}60} = \sim 0{,}30 \text{ t/cm}^2$.

Größte Druckbeanspruchung $k_d = \dfrac{4{,}38 \cdot 2{,}51}{9{,}40} = \sim 1{,}17 \text{ t/cm}^2$.

Zum Anschluß der Eckeisen gewählt 6 Schrauben $^3/_4''$ mit $f = 2{,}85$ cm².

Größte Beanspruchung: auf Abscheren $k_s = \dfrac{4{,}38}{6 \cdot 2{,}85} = \sim 0{,}256 \text{ t/cm}^2$.

Größte Beanspruchung: auf Lochleibung $k_l = \dfrac{4{,}38}{6 \cdot 1{,}9 \cdot 0{,}7} = \sim 0{,}55 \text{ t/cm}^2$.

Diagonalen. Die Diagonalen erhalten die größte Belastung aus dem Drehmoment. Hierbei ist angenommen, daß im Nachbarfelde eine Leitung reißt, und zwar diejenige, bei deren Wegfall die einzelnen Stäbe am stärksten beansprucht werden.

Größte Querkraft für eine Mastwand:

$$Q = \dfrac{M_d}{2 \cdot B_\xi} + \dfrac{Z}{2}; \quad Z = 195 \cdot 16 = 3120 \text{ kg.} \quad \text{(Abb. 109.)}$$

$$Q_{\max} = \dfrac{3{,}12 \cdot 8{,}70}{2 \cdot 1{,}96} + \dfrac{3{,}12}{2} = \sim 8{,}48 \text{ t.}$$

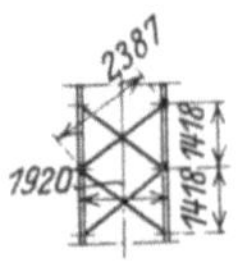

Abb. 109.

Größte Diagonalkraft $D = \dfrac{1}{2} \cdot 8{,}48 \cdot \dfrac{238{,}7}{192} = \sim 5{,}28$ t. (Abb. 110.)

Abb. 110.

Gewählt L 60 · 60 · 6 mit $f = 6{,}91 - 2{,}0 \cdot 0{,}6 = 5{,}71 \text{ cm}^2$; $i_{\min} = 1{,}17$ cm.

Knicklänge $= 119$ cm; $\dfrac{l}{i} = \dfrac{119}{1{,}17} = \sim 102$; $\omega = 2{,}46$.

Größte Beanspruchung $k_z = \dfrac{5{,}28}{5{,}71} = \sim 0{,}92 \text{ t/cm}^2$; $k_d = \dfrac{5{,}28 \cdot 2{,}46}{6{,}91} = \sim 1{,}88 \text{ t/cm}^2$.

Zum Anschluß der Diagonalen 2 Schrauben $^3/_4''$ mit $f =$ je 2,85 cm².

Größte Beanspruchung $k_s = \dfrac{5{,}28}{2 \cdot 2{,}85} = \sim 0{,}92 \text{ t/cm}^2$; $k_l = \dfrac{5{,}28}{2 \cdot 1{,}9 \cdot 0{,}6} = \sim 2{,}32 \text{ t/cm}^2$.

Schuß 2.

Winddruck auf Schuß 2: $W_2 = 125 \cdot 1{,}5 \cdot 8{,}5 (2 \cdot 0{,}08 + 4 \cdot 0{,}07) = \sim 700$ kg.

Eigenlast $= \sim 1640$ kg; 4 Hohlseile $= 2 \cdot 2080$ kg; unterer Querträger $= \sim 2000$ kg; Gesamtlast $= 4800 + 1640 + 4160 + 2000 = 12{,}60$ t.

Mastbreite $B_2 = 2000 + 160 \cdot 8{,}50 + 2 \cdot 8 = 3376$ mm. $B_{2\xi} = 337{,}6 - 2 \cdot 2{,}26 = 333$ cm.

Größte Stabkräfte $\pm S_2 = \dfrac{52{,}01}{2 \cdot 3{,}33} = 7{,}82 \mp \dfrac{12{,}6}{4} = \pm \dfrac{4{,}67 \text{ t,}}{10{,}97 \text{ t.}}$ (Abb. 111.)

Gewählt L 80 · 80 · 8 mit $f = 12{,}30 - 2 \cdot 1{,}6 \cdot 0{,}8 = 9{,}74 \text{ cm}^2$; $i_{\min} = 1{,}55$ cm.

Knicklänge $l = 130$ cm; $\dfrac{l}{i} = \dfrac{130}{1{,}55} = \sim 84$; $\omega = 1{,}706$.

Größte Beanspruchung $k_z = \dfrac{4{,}67}{9{,}74} = \sim 0{,}48 \text{ t/cm}^2$; $k_d = \dfrac{10{,}97 \cdot 1{,}706}{12{,}30} = \sim 1{,}52 \text{ t/cm}^2$.

Abb. 111.

Zum Anschluß gewählt 8 Schrauben $^5/_8''$ mit $f = 1{,}978$ cm².

Größte Beanspruchung $k_s = \dfrac{10{,}97}{8 \cdot 1{,}978} = \sim 0{,}69 \text{ t/cm}^2$;

$k_l = \dfrac{10{,}97}{8 \cdot 1{,}59 \cdot 0{,}8} = \sim 1{,}07 \text{ t/cm}^2$.

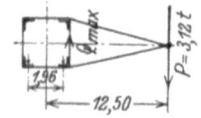

Abb. 112.

Diagonalen. Hebelarm für das Drehmoment $= 12{,}50$ m. Größte Querkraft für eine Mastwand:

$$Q = \dfrac{M_d}{2 \cdot B_\xi} + \dfrac{Z}{2} = \dfrac{3{,}12 \cdot 12{,}5}{2 \cdot 1{,}96} + \dfrac{3{,}12}{2} = \sim 11{,}5 \text{ t.} \quad \text{(Abb. 112.)}$$

Hebelarm siehe System S. 43: $r_2 = 15{,}66$ m; $h_2 = 12{,}00$ m.

Größte Diagonalkraft $D_2 = \dfrac{1}{2} \cdot \dfrac{11{,}5 \cdot 12{,}0}{15{,}66} = \sim 4{,}4$ t.

Gewählt ∟ 70 · 70 · 8 mit $f = 10{,}65 - 1{,}6 \cdot 0{,}8 = 9{,}37$ cm²; $i_{min} = 1{,}36$ cm.

Knicklänge $l = 201$ cm (Abb. 113); $\frac{l}{i} = \frac{201}{1{,}36} = \sim 147$; $\omega = 5{,}1$.

Größte Beanspruchung $k_z = \frac{4{,}40}{9{,}37} = \sim 0{,}47$ t/cm²; $k_d = \frac{4{,}4 \cdot 5{,}1}{10{,}65} = \sim 2{,}1$ t/cm².

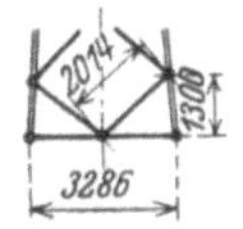

Zum Anschluß 2 Schrauben ⅝″ mit je 1,978 cm².

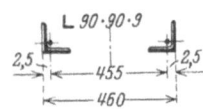

Abb. 113.

$$k_s = \frac{4{,}40}{2 \cdot 1{,}978} = \sim 1{,}11 \text{ t/cm}^2; \quad k_l = \frac{4{,}40}{2 \cdot 1{,}59 \cdot 0{,}8} = 1{,}73 \text{ t/cm}^2.$$

Riegel. Dieselben dienen zur Versteifung der Eckeisen und zum Halten der Diagonalen in ihren Kreuzungspunkten. Die axiale Belastung aus der Knickbelastung der Eckeisen beträgt nach Vianello[1] $Q = \frac{F}{11} \cdot \frac{k_z \cdot 1000}{3100}$ in kg.

Hierin bedeuten: F = Querschnitt des Eckeisens in cm²,
k_z = zulässige Zugbeanspruchung = 1600 kg/cm²,
3100 = Quetschgrenze für Flußeisen,
11 = Unveränderliche.

Somit $Q = \frac{F}{11} \cdot \frac{1600 \cdot 1000}{3100} = \sim F \cdot 47$ in kg, $Q_2 = 12{,}30 \cdot 47 = \sim 580$ kg.

Gewählt ∟ 50 · 50 · 5 mit $f = 4{,}80 - 0{,}8 = 4{,}00$ cm²; $i_{min} = 0{,}98$; $i_\xi = 1{,}51$ cm.

Knicklänge $l_1 = 164$ cm; $l_2 = 328$ cm; $\frac{164}{0{,}98} = \sim 167$; $\frac{328}{1{,}51} = \sim 217$; $\omega = 11{,}1$.

Größte Beanspruchung $k_z = \frac{0{,}58}{4{,}0} = \sim 0{,}145$ t/cm²; $k_d = \frac{11{,}1 \cdot 0{,}58}{4{,}80} = \sim 1{,}34$ t/cm².

Zum Anschluß 2 Schrauben ⅝″ mit $f = 1{,}978$ cm².
Beanspruchung derselben sehr gering.

Schuß 3.

Abb. 114.

Windlast $W_3 = 125 \cdot 1{,}5 \cdot 7{,}6 (2 \cdot 0{,}09 + 4{,}8 \cdot 0{,}055) = \sim 660$ kg.

Eigenlast des Schusses = ~ 1600 kg. Gesamtlast $G = 12{,}6 + 1{,}6 = 14{,}2$ t.

Mastbreite $B_3 = 2000 + 160 \cdot 16{,}1 + 16 + 18 = 4600$ mm. $B_{3\xi} = 460 - 2 \cdot 2{,}5 = 455$ cm.

Größte Stabkräfte $\pm S_3 = \frac{92{,}52}{2 \cdot 4{,}55} = \sim 10{,}15 \mp \frac{14{,}2}{4} = \pm \begin{matrix} 6{,}60 \text{ t,} \\ 13{,}70 \text{ t.} \end{matrix}$ (Abb. 114.)

Gewählt ∟ 90 · 90 · 9 mit $f = 15{,}50 - 2 \cdot 1{,}6 \cdot 0{,}9 = 12{,}62$ cm²; $i_{min} = 1{,}76$.

Knicklänge $l = 158$ cm; $\frac{l}{i} = \frac{158}{1{,}76} = \sim 90$; $\omega = 1{,}88$.

Größte Beanspruchung $k_z = \frac{6{,}60}{12{,}62} = \sim 0{,}52$ t/cm²; $k_d = \frac{1{,}88 \cdot 13{,}7}{15{,}50} = \sim 1{,}66$ t/cm².

Zum Anschluß gewählt 8 Schrauben ⅝″ mit $f = 1{,}978$ cm².

Größte Beanspruchung $k_s = \frac{13{,}70}{8 \cdot 1{,}978} = \sim 0{,}865$ t/cm²; $k_l = \frac{13{,}70}{8 \cdot 1{,}59 \cdot 0{,}9} = \sim 1{,}20$ t/cm².

Diagonalen. Größte Querkraft wie bei Schuß 2 = 11,5 t.

Hebelarm siehe System S. 43: $r_3 = 21{,}7$ m; $h_3 = 12{,}00$ m.

Größte Diagonalkraft $D_3 = \frac{1}{2} \cdot \frac{11{,}5 \cdot 12{,}0}{21{,}70} = \sim 3{,}18$ t.

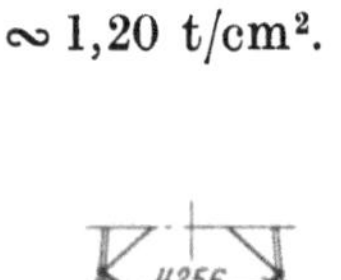

Gewählt ⊤⊢ 55 · 55 · 5 mit $f = 10{,}64 - 2 \cdot 1{,}6 \cdot 0{,}5 = 9{,}04$ cm²; $i_\xi = 1{,}67$.

Knicklänge $l = 275$ cm (Abb. 115); $\frac{l}{i} = \frac{275}{1{,}67} = \sim 165$; $\omega = 6{,}43$.

Abb. 115.

Größte Beanspruchung $k_z = \frac{3{,}18}{9{,}04} = \sim 0{,}35$ t/cm²; $k_d = \frac{6{,}43 \cdot 3{,}18}{10{,}64} = \sim 1{,}92$ t/cm².

Zum Anschluß 1 Schraube ⅝″, zweischnittig, $f = 1{,}978$ cm².

Beanspruchung $k_s = \frac{3{,}18}{2 \cdot 1{,}978} = \sim 0{,}80$ t/cm²; $k_l = \frac{3{,}18}{1{,}59 \cdot 0{,}9} = \sim 2{,}22$ t/cm².

Riegel. $Q_3 = F \cdot 47 = 15{,}50 \cdot 47 = 730$ kg.

Gewählt ∟ 60 · 60 · 6 mit $f = 6{,}91 - 1{,}6 \cdot 0{,}6 = 5{,}95$ cm²; $i_{min} = 1{,}17$; $i_\xi = 1{,}82$.

Knicklänge $l_1 = 213$ cm; $l_2 = 426$ cm; $\frac{213}{1{,}17} = 182$; $\frac{426}{1{,}82} = 234$; $\omega = 12{,}9$.

---

[1] Eisenhochbau 1905, S. 434.

Größte Beanspruchung $k_z = \frac{0,73}{5,95} = \sim 0,122$ t/cm²; $k_d = \frac{12,9 \cdot 0,73}{6,91} = \sim 1,36$ t/cm².

Zum Anschluß 2 Schrauben $\frac{5}{8}''$ ⌀ mit $f = 1,978$ cm².
Beanspruchung derselben sehr gering.

Schuß 4.

Windlast $W_4 = 125 \cdot 1,5 \cdot 7,20 (2 \cdot 0,10 + 5,5 \cdot 0,055) = \sim 700$ kg.

Eigenlast $G_4 = 2,00$ t; Gesamtlast $G_{max} = 14,2 + 2,0 = 16,2$ t.
Mastbreite $B_4 = 2000 + 160 \cdot 23,3 + 16 + 18 + 22 = 5784$ mm.
$B_{4\xi} = 578,4 - 2 \cdot 2,5 = \sim 573$ cm.

Abb. 116. Größte Stabkräfte $\pm S = \frac{135,795}{2 \cdot 5,73} = \sim 11,85 \mp \frac{16,2}{4} = \pm \begin{smallmatrix}7,80\\15,90\end{smallmatrix}$ t. (Abb. 116.)

Gewählt L $90 \cdot 90 \cdot 9$ mit $f = 15,50 - 2 \cdot 1,6 \cdot 0,9 = 12,62$ cm²; $i_{min} = 1,76$ cm.

Knicklänge $l = 133$ cm; $\frac{l}{i} = \frac{133}{1,76} = \sim 76$; $\omega = 1,51$.

Größte Beanspruchung $k_z = \frac{7,80}{12,62} = \sim 0,62$ t/cm²; $k_d = \frac{1,51 \cdot 15,9}{15,50} = \sim 1,55$ t/cm².

Zum Anschluß 10 Schrauben $\frac{5}{8}''$ ⌀ mit $f = 1,978$ cm².

Größte Beanspruchung $k_s = \frac{15,9}{10 \cdot 1,978} = \sim 0,80$ t/cm²; $k_l = \frac{15,90}{10 \cdot 1,59 \cdot 0,9} = \sim 1,11$ t/cm².

Diagonalen. Größte Querkraft wie bei Schuß 3 = 11,50 t.

Hebelarm siehe System S. 43: $r_4 = 18,20$ m; $h_4 = 12,16$ m.

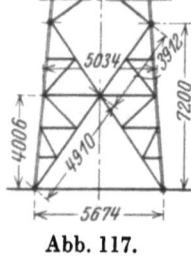

Größte Diagonalkraft $D_4 = \frac{1}{2} \cdot \frac{11,5 \cdot 12,16}{18,20} = \sim 3,84$ t.

Gewählt ⊐⊏ $55 \cdot 55 \cdot 5$ mit $f = 10,64 - 2 \cdot 1,6 \cdot 0,5 = 9,04$ cm²;
$i_\xi = 1,67$ cm.

Knicklänge $l = 164$ cm (Abb. 117); $\frac{l}{i} = \frac{164}{1,67} = \sim 98$; $\omega = 2,26$.

Größte Beanspruchung $k_z = \frac{3,84}{9,04} = \sim 0,425$ t/cm²;

$k_d = \frac{2,26 \cdot 3,84}{10,64} = \sim 0,815$ t/cm².

Abb. 117.

(Diagonale im mittleren Drittel 30 mm gespreizt ⊣|⊢.)

Zum Anschluß 2 Schrauben $\frac{5}{8}''$, zweischnittig.
Beanspruchung sehr gering.

Riegel. $Q_4 = F \cdot 47 = 15,5 \cdot 47 = \sim 730$ kg.

Gewählt ⊣|⊢ $50 \cdot 50 \cdot 5$ mit $f = 9,60 - 2 \cdot 1,6 \cdot 0,5 = 8,00$ cm²; $i_\xi = 1,51$; $i_1 = 2,35$;

$l_1 = 252$; $l_2 = 503,4$; $\frac{252}{1,51} = \sim 167$; $\frac{503}{2,35} = \sim 214$; $\omega = 10,83$.

Größte Beanspruchung $k_z = \frac{0,730}{8,00} = \sim 0,09$ t/cm²; $k_d = \frac{10,83 \cdot 0,73}{9,60} = \sim 0,82$ t/cm².

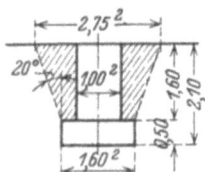

Zum Anschluß 2 Schrauben $\frac{5}{8}''$ ⌀.
Beanspruchung derselben sehr gering.

Fundament.

Größte Kräfte im unteren Eckeisen siehe oben $\begin{smallmatrix}+\ 7,80\\-15,90\end{smallmatrix}$ t.

Abb. 118. Gewählt unter jedem Eckeisen ein Fundament von nebenstehenden Abmessungen (Abb. 118).

Eigenlast des Betons $G_b = 1,00^2 \cdot 1,60 + 1,60^2 \cdot 0,50 = 2,88$ m³ $\cdot 2,0 = 5,76$ t.

Erdauflast unter 20° $G_e = \frac{1,60}{3}(2,75^2 + 1,60^2 + 2,75 \cdot 1,60)$
$= 0,533 \cdot 14,52 = 7,74 - 1,60 = 6,14 \cdot 1,6 = 9,82$ t.

Standsicherheit $n = \frac{5,76 + 9,82}{7,80} = \sim 2,00$fach.

Größte Belastung des Erdbodens $k_d = \frac{15900 + 5760 + 9820}{160^2} = \sim 1,23$ kg/cm².

System des Tragmastes und Kräftepläne (Abb. 119—121).

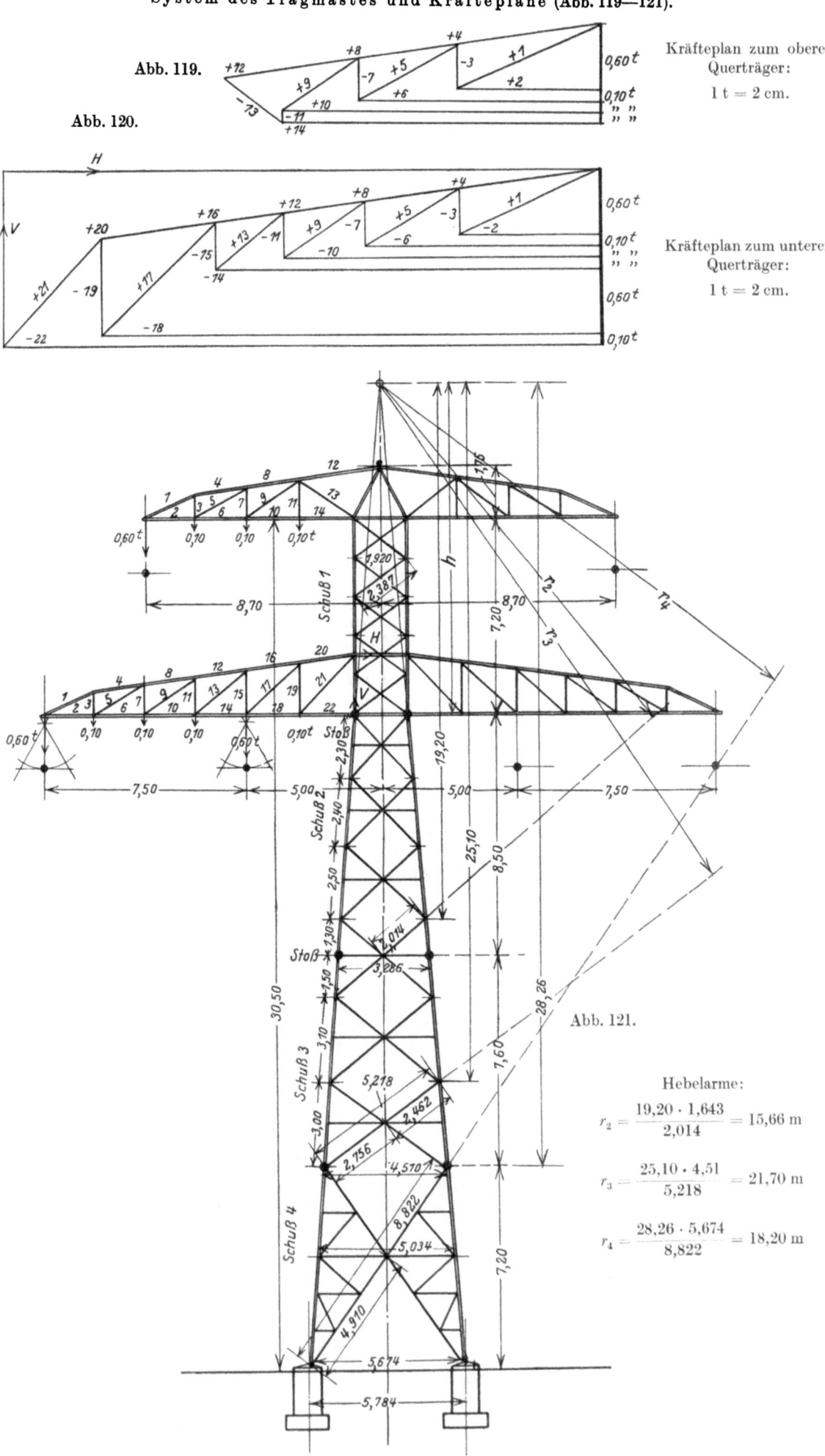

Abb. 119.

Kräfteplan zum oberen Querträger:
1 t = 2 cm.

Abb. 120.

Kräfteplan zum unteren Querträger:
1 t = 2 cm.

Abb. 121.

Hebelarme:

$$r_2 = \frac{19{,}20 \cdot 1{,}643}{2{,}014} = 15{,}66 \text{ m}$$

$$r_3 = \frac{25{,}10 \cdot 4{,}51}{5{,}218} = 21{,}70 \text{ m}$$

$$r_4 = \frac{28{,}26 \cdot 5{,}674}{8{,}822} = 18{,}20 \text{ m}$$

Oberer Querträger.

Die Querträger sind für die ungünstige Annahme einer gerissenen Leitung berechnet worden.
Größter Leitungszug $P = 195 \cdot 16 = \infty 3120$ kg.
Eigen- und Eislast eines Leitungsdrahtes: $G_1 = 2{,}773 \cdot 376 = \infty 1050$ kg.
Eigenlast der Isolatorenkette und Aufhängung $= 150$ kg.

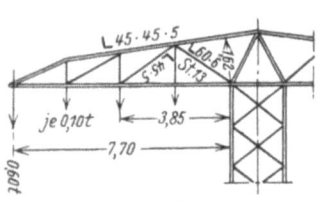

Abb. 122.

Für eine Gurtung $G = \dfrac{1050 + 150}{2} = 600$ kg. (Abb. 122.)

Eigenlast des Querträgers $= \infty 100$ kg pro Knotenpunkt.
Schwerpunktsabstand des Untergurts $= 200 - 2 \cdot 1{,}45 = 197{,}1$ cm.
Die größten Gurtkräfte betragen:

1. aus Leitungszug $\pm S = \dfrac{3{,}12 \cdot 7{,}70}{1{,}971} = \infty \pm 12{,}20$ t,

2. aus Vertikallast $\pm S = \dfrac{0{,}60 \cdot 7{,}70 + 0{,}3 \cdot 3{,}85}{1{,}62} = \infty \pm 3{,}56$ t.

Größte Stabkräfte: im Obergurt $= +3{,}56$ t,
im Untergurt $= \pm 12{,}20 - 3{,}56 = \pm \genfrac{}{}{0pt}{}{8{,}64}{15{,}76}$ t.

Für den Untergurt 1 ⌶ N.P. 10 mit $f = 13{,}50 - 1{,}6 \cdot 0{,}6 = 12{,}54$ cm^2; $i_{\min} = 1{,}47$;
$l_1 = 96$ cm; $l_2 = 192$; $\dfrac{96}{1{,}47} = 65$; $\dfrac{192}{3{,}91} = 49$; $\omega = 1{,}32$.

Größte Beanspruchung $k_z = \dfrac{8{,}64}{12{,}54} = \infty 0{,}69$ t/cm^2; $k_d = \dfrac{1{,}32 \cdot 15{,}76}{13{,}5} = \infty 1{,}54$ t/cm^2.

Zunahme der Breite der Gurtung $= 182$ mm/lfdm.
Größte Querkraft $Q = 3120 - 12{,}20 \cdot 182 = \infty 900$ kg.

Diagonalkraft der längsten Diagonale $D = 900 \cdot \dfrac{2{,}00}{1{,}90} = \infty 950$ kg.

Gewählt für alle Diagonalen 1 ⌶ N.P. 10 mit $f = 13{,}50$ bzw. $12{,}54$; $\dfrac{200}{1{,}47} = \infty 136$;
$\omega = 4{,}38$; $k_d = \dfrac{4{,}38 \cdot 0{,}95}{13{,}50} = \infty 0{,}30$ t/cm^2.

Für die Horizontalen gleichfalls je 1 ⌶ N.P. 10 gewählt.
Beanspruchung derselben geringer als der Diagonalen, also $< 0{,}3$ t/cm^2.
Zum Anschluß der Diagonalen und Horizontalen je 4 Niete 14 ⌀ gewählt. Beanspruchung gering.

Zum Obergurt 1 L 45 · 45 · 5 mit $f = 4{,}3 - 1{,}6 \cdot 0{,}5 = 3{,}50$ cm^2.

Größte Beanspruchung $k_z = \dfrac{3{,}56}{3{,}50} = \infty 1{,}02$ t/cm^2.

Die Stabkräfte der Wandglieder sind auf S. 43 graphisch ermittelt. Stab 13:
$S = -700$ kg; $l = 240$ cm.

Gewählt 1 L 60 · 60 · 6 mit $f = 6{,}91$ cm^2; $i_{\min} = 1{,}17$; $\dfrac{240}{1{,}17} = 205$; $\omega = 9{,}93$;
$k_d = \dfrac{9{,}93 \cdot 0{,}7}{6{,}91} = \infty 1{,}00$ t/cm^2.

Die übrigen Wandglieder je 1 L 45 · 45 · 5, reichlich.

Zum Anschluß der Wandglieder je 1 Schraube $5/8''$ ⌀. Beanspruchung derselben sehr gering.

Unterer Querträger.

Die Belastungen sind genau wie beim oberen Querträger.

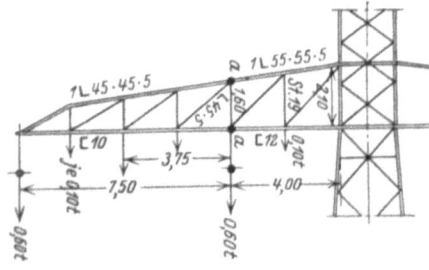

Abb. 123.

Der Untergurt ist im Punkt a gestoßen. Daher bezieht sich die folgende Berechnung auf Stoß a (Abbildung 123).

Schwerpunktsabstand des Untergurtes
$= 151{,}5 - 2 \cdot 1{,}45 = 148{,}6$ cm.

Die größten Gurtkräfte betragen:

1. aus Leitungszug $\pm S = \dfrac{3{,}12 \cdot 7{,}50}{1{,}486} = \infty \pm 15{,}70$ t,

2. aus Vertikallast $\pm S = \dfrac{0{,}60 \cdot 7{,}50 + 0{,}30 \cdot 3{,}75}{1{,}60} = \infty \pm 3{,}50$ t.

Gesamte Untergurtskraft $\pm\,15{,}70 - 3{,}50 = \pm\,\genfrac{}{}{0pt}{}{12{,}20\text{ t,}}{19{,}20\text{ t.}}$

Gewählt für den Untergurt 1 ⊏ N.P. 10 mit $f = 13{,}5 - 1{,}6 \cdot 0{,}6 = 12{,}54$;
$$i_{\min} = 1{,}47;\quad i_x = 3{,}91.$$

Knicklänge = 94 bzw. 187,5; $\frac{94}{1{,}47} = 64$; $\frac{187{,}5}{3{,}91} = 48$; $\omega = 1{,}31$.

Größte Beanspruchung $k_z = \frac{12{,}20}{12{,}54} = \infty\,0{,}97$ t/cm²; $k_d = \frac{1{,}31 \cdot 19{,}2}{13{,}50} = \infty\,1{,}86$ t/cm².

Für den Obergurt 1 ∟ 45 · 45 · 5 mit $f = 4{,}30 - 1{,}6 \cdot 0{,}5 = 3{,}50$ cm².

Größte Beanspruchung $k_z = \frac{3{,}50}{3{,}50} = 1{,}00$ t/cm².

Für die Anschlußstelle am Mast ergeben sich folgende Werte: Schwerpunktsabstand des Untergurtes = $200 - 2 \cdot 1{,}55 = 196{,}9$ cm.

Größte Gurtkräfte:

1. aus Leitungszug $\pm S = \frac{3{,}12 \cdot 11{,}5}{1{,}969} = \infty\,\pm\,18{,}2$ t,

2. aus Vertikallast $\pm S = \frac{1}{2{,}10}[0{,}6 \cdot (4{,}0 + 11{,}5) + 0{,}1 \cdot 2{,}0 + 0{,}30 \cdot 7{,}75] = \infty\,\pm\,5{,}60$ t.

Gesamte Untergurtkraft $= \pm\,18{,}20 - 5{,}60 = \pm\,\genfrac{}{}{0pt}{}{12{,}60\text{ t,}}{23{,}80\text{ t.}}$

Gewählt für den Untergurt 1 ⊏ N.P. 12 mit $f = 17{,}00 - 2 \cdot 1{,}4 \cdot 0{,}9 = 14{,}48$ cm²;
$$i_{\min} = 1{,}59;\quad i_x = 4{,}62;$$

Knicklänge = 1,00 bzw. 2,00 m; $\frac{1{,}00}{1{,}59} = 63$; $\frac{200}{4{,}62} = 43$; $\omega = 1{,}30$.

Größte Beanspruchung $k_z = \frac{12{,}60}{14{,}48} = \infty\,0{,}87$ t/cm²; $k_d = \frac{1{,}30 \cdot 23{,}8}{17{,}00} = \infty\,1{,}82$ t/cm².

Für den Obergurt 1 ∟ 55 · 55 · 5 mit $f = 5{,}32 - 1{,}6 \cdot 0{,}5 = 4{,}52$ cm².

Größte Beanspruchung $k_z = \frac{5{,}60}{4{,}52} = \infty\,1{,}24$ t/cm².

Diagonalen im Untergurt bis zum Stoß a:

Die Querkraft beträgt $Q = 3120 - 122 \cdot 15{,}7 = \infty\,1200$ kg.

Hierbei ist 122 = Zunahme der Breite der Gurtung pro lfdm.

Größte Diagonalkraft $D = 1200 \cdot \frac{1{,}70}{1{,}40} = \infty\,1460$ kg.

Gewählt ⊏ N.P. 10 mit $f = 13{,}50 - 2 \cdot 1{,}4 \cdot 0{,}85 = 11{,}12$ cm²; $i_{\min} = 1{,}47$ cm; $\frac{170}{1{,}47} = \infty\,116$; $\omega = 3{,}19$; $k_d = \frac{3{,}19 \cdot 1{,}46}{13{,}50} = \infty\,0{,}34$ t/cm².

Horizontalen, gleichfalls ⊏ N.P. 10; Beanspruchung gering.

Diagonalen vom Stoß a bis zur Anschlußstelle am Mast:

Querkraft $Q = 3120 - 122 \cdot 18{,}2 = 900$ kg. $D = 900 \cdot \frac{212}{190} = \infty\,1000$ kg.

Gewählt ⊏ N.P. 12 mit $f = 17{,}00$ cm²; $i_{\min} = 1{,}59$ cm; $l = 212$ cm; $\frac{212}{1{,}59} = 133$; $\omega = 4{,}19$; $k_d = \frac{4{,}19 \cdot 1{,}00}{17{,}0} = 0{,}25$ t/cm². Die Horizontalen gleichfalls 1 ⊏ N.P. 12; Beanspruchung gering.

Obergurt 1 ∟ 55 · 55 · 5 mit $f = 5{,}32 - 1{,}6 \cdot 0{,}5 = 4{,}52$ cm².

Größte Beanspruchung $k_z = \frac{5{,}60}{4{,}52} = \infty\,1{,}24$ t/cm²

Die Stabkräfte der Wandglieder sind auf S. 43 graphisch ermittelt. Vertikalstab 19: $S = -0{,}9$ t; $l = 185$ cm.

Gewählt 1 ∟ 55 · 55 · 6 mit $f = 6{,}31$ cm²; $i_{\min} = 1{,}07$; $\frac{185}{1{,}07} = \infty\,173$; $\omega = 7{,}08$.

Größte Beanspruchung $k_d = \frac{0{,}9 \cdot 7{,}08}{6{,}31} = \infty\,1{,}01$ t/cm².

Die größte Diagonalkraft beträgt $S = +1{,}50$ t.

Gewählt für alle Diagonalen je 1 ∟ 45 · 45 · 5 mit $f = 4{,}30 - 1{,}6 \cdot 0{,}5 = 3{,}50$ cm².

Größte Beanspruchung $k_z = \frac{1{,}50}{3{,}50} = \infty\,0{,}43$ t/cm².

Zum Anschluß der Wandglieder gewählt 1 Schraube $^5/_8''$ ⌀ mit $f = 1{,}978$ cm² Querschnitt.

Größte Beanspruchung derselben: auf Abscheren $k_s = \dfrac{1{,}50}{1{,}978} = \sim 0{,}76$ t/cm²,

auf Lochleibung $k_l = \dfrac{1{,}50}{1{,}59 \cdot 0{,}5} = \sim 1{,}88$ t/cm².

Tragmast für 3850 kg Zug; 30,50 m über Erde lang, für Schwellenfundierung.

Der Mast über Erde ist genau wie vor; dagegen ist der Mastfuß für Schwellenfundierung ausgebildet.

Länge des Mastfußes unter Erde = 2,50 m.

Summe der angreifenden Kräfte siehe S. 39: $H_{max} = 6{,}36$ t.

Moment, bezogen auf Oberkante Erde $M_{max} = 135{,}8$ mt.

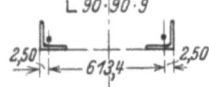

Abb. 124.

Größtes Moment, bezogen auf Oberkante Schwelle:

$$M_s = 135{,}8 + 6{,}36 \cdot 2{,}5 = \sim 151{,}7 \text{ mt.}$$

Mastbreite an der Sohle $B_s = 5784 + 160 \cdot 2{,}50 = 6184$ mm (Abb. 124).

Schwerpunktsabstand $B_{s\xi} = 618{,}4 - 2 \cdot 2{,}5 = 613{,}4$ cm;

Eigenlast des Fußes $\sim 1{,}40$ t; Gesamtlast $G_{max} = 16{,}2 + 1{,}40 = 17{,}60$ t.

Größte Stabkräfte im Eckeisen $\pm S = \dfrac{151{,}7}{2 \cdot 6{,}134} = \sim 12{,}4 \mp \dfrac{17{,}60}{4} = \pm \begin{array}{l} 8{,}00 \text{ t,} \\ 16{,}80 \text{ t.} \end{array}$

Gewählt L $90 \cdot 90 \cdot 9$ mit $f = 15{,}50 - 2 \cdot 1{,}6 \cdot 0{,}9 = 12{,}62$ cm²; $i_{min} = 1{,}76$.

Knicklänge $l = 125$ cm; $\dfrac{l}{i} = \dfrac{125}{1{,}76} = \sim 71$; $\omega = 1{,}41$.

Größte Beanspruchung $k_z = \dfrac{8{,}00}{12{,}62} = \sim 0{,}63$ t/cm²; $k_d = \dfrac{1{,}41 \cdot 16{,}8}{15{,}50} = \sim 1{,}53$ t/cm².

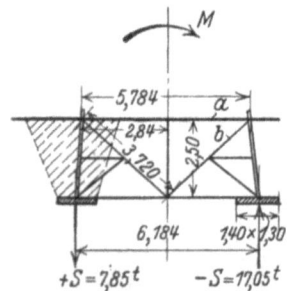

Abb. 125.

Horizontalstab a: Größte Querkraft

$$Q = \dfrac{6{,}360}{2} - 11{,}85 \cdot 160 = \sim 1280 \text{ kg.} \quad \text{(Abb. 125.)}$$

Gewählt 1 L $80 \cdot 80 \cdot 8$ mit $f = 12{,}30 - 1{,}6 \cdot 0{,}8 = 11{,}02$;

$i_\xi = 2{,}42$; $i_{min} = 1{,}55$.

Knicklänge $l_1 = 568$ cm; $l_2 = 284$; $\dfrac{568}{2{,}42} = 234$; $\dfrac{284}{1{,}55} = 183$;

$\omega = 12{,}39$.

Größte Beanspruchung $k_z = \dfrac{1{,}28}{11{,}02} = 0{,}16$ t/cm²;

$k_d = \dfrac{12{,}39 \cdot 1{,}28}{12{,}3} = \sim 1{,}29$ t/cm².

Diagonale b: Größte Stabkraft $D = \dfrac{1{,}28}{2} \cdot \dfrac{3{,}72}{2{,}84} = \sim 0{,}84$ t.

Gewählt L $65 \cdot 65 \cdot 9$ mit $f = 10{,}98$ cm²; $i_\xi = 1{,}94$ cm; $i_{min} = 1{,}25$.

Knicklänge $l_1 = 372$ cm; $l_2 = 186$; $\dfrac{372}{1{,}94} = \sim 192$; $\dfrac{186}{1{,}25} = \sim 148$; $\omega = 8{,}71$.

Größte Beanspruchung $k_d = \dfrac{8{,}71 \cdot 0{,}84}{10{,}98} = \sim 0{,}67$ t/cm².

Schwellenlager.

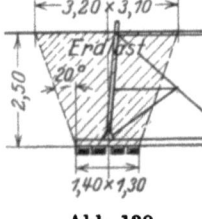

Abb. 139.

Gewählt unter jedem Eckeisen ein Lager von 4 Schwellen 16×26 cm; je 1,30 m lang.

Die Grundfläche beträgt $1{,}30 \times 1{,}40$ m und der Inhalt des Erdkegels bei 20° Böschungswinkel (Abb. 139):

$$J = \dfrac{2{,}50}{3}\left(1{,}30 \cdot 1{,}40 + 3{,}2 \cdot 3{,}10 + \sqrt{1{,}82 \cdot 9{,}92}\right)$$
$$= 0{,}833 \,(1{,}82 + 9{,}92 + 4{,}24) = 13{,}30 \text{ m}^3 \cdot 1{,}60 \text{ t} = 21{,}3 \text{ t Erdlast.}$$

Eigenlast der Schwellenlager = $\sim 0{,}80$ t. Gesamtlast des Mastes = $17{,}60 + 0{,}80 = 18{,}40$ t.

Größtes Moment, bezogen auf Unterkante Schwelle:

$$M_{max} = 151{,}7 + 6{,}36 \cdot 0{,}16 = \sim 152{,}7 \text{ mt.}$$

Größte Belastung des Schwellenlagers $\pm S = \dfrac{152{,}7}{2 \cdot 6{,}134} \mp \dfrac{18{,}40}{4} = \sim \pm \begin{array}{l} 7{,}85 \text{ t,} \\ 17{,}05 \text{ t.} \end{array}$

Tragmast für 3850 kg Zug, 30,50 m Länge über Erde (Abb. 126—138).

6 Hohlseile Cu 25 mm ⌀ 195 mm², 16 kg/mm² Beanspruchung.
1 Blitzseil Fe 10,5 mm ⌀ 70 mm², 20 kg/mm² Beanspruchung.

220 kV.
Spannweite = 376 bzw. 350 m.

Abb. 127.

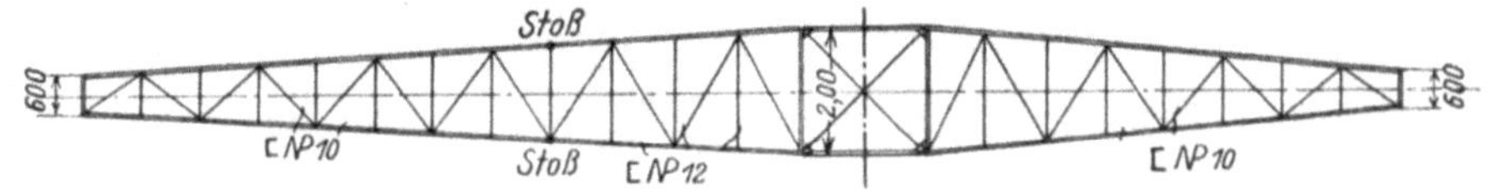

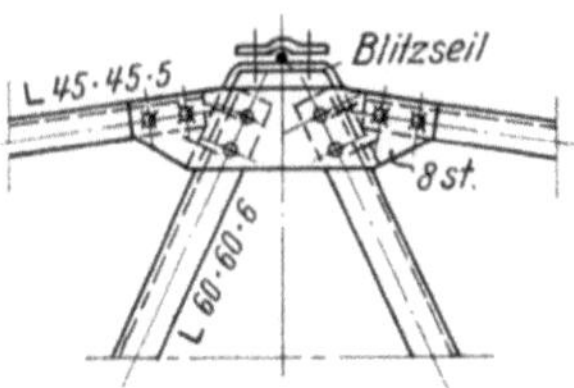

Abb. 128.

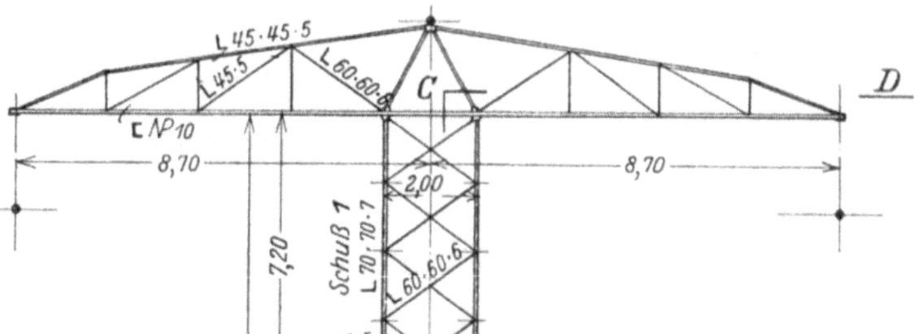

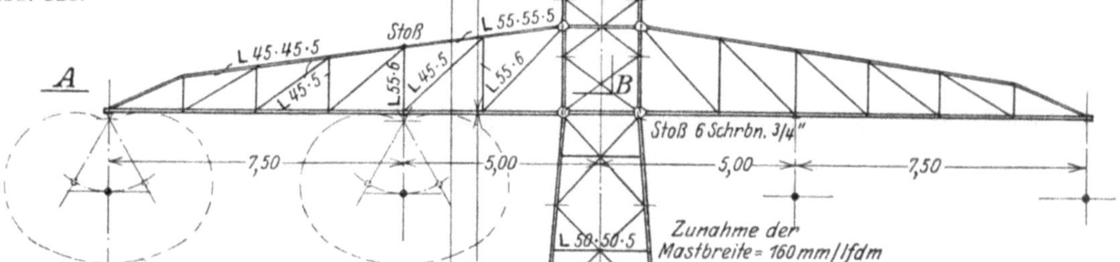

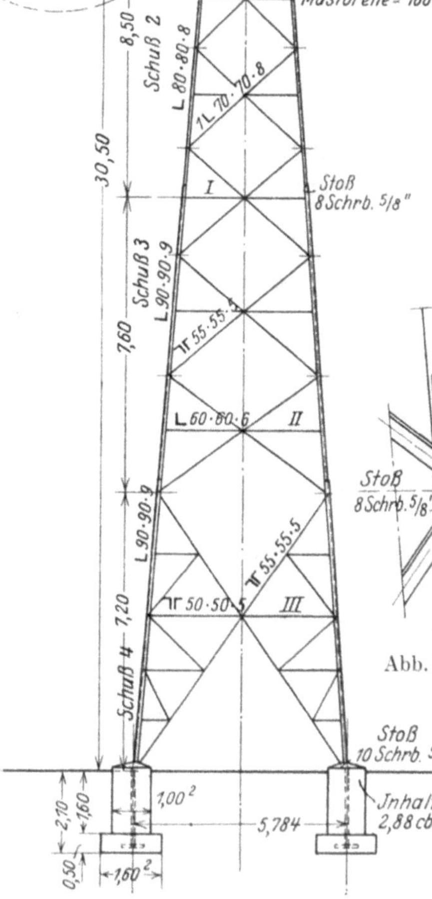

Abb. 126.

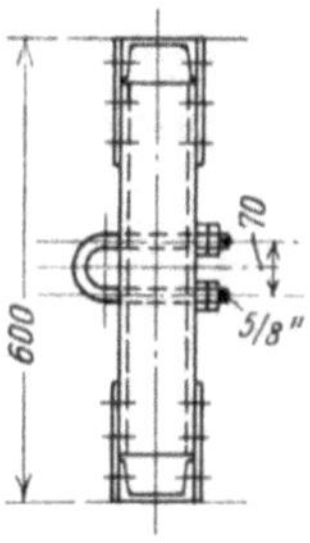

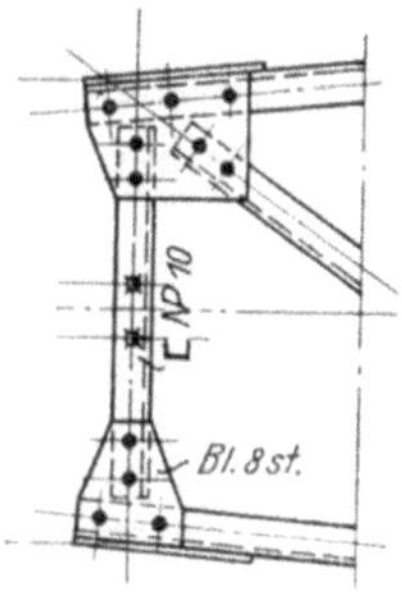

Abb. 129. Abb. 130.

Einzelheiten der Querträger.

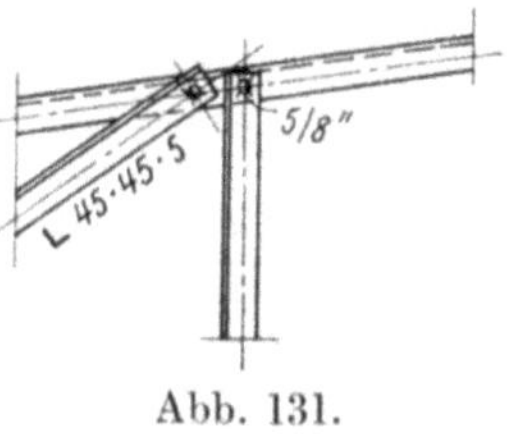

Abb. 131.

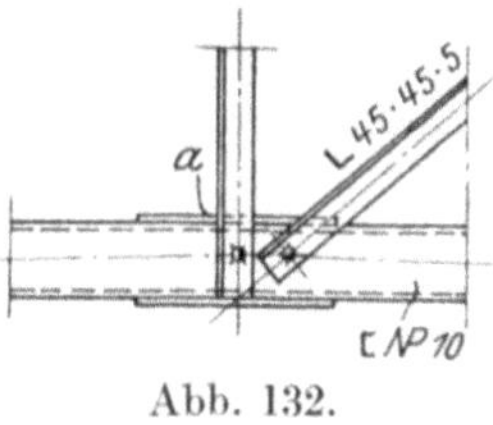

Abb. 132.

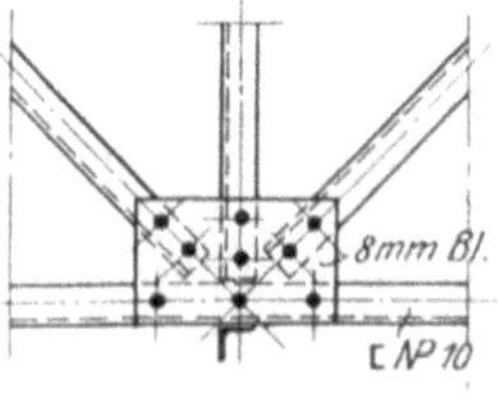

Abb. 133.

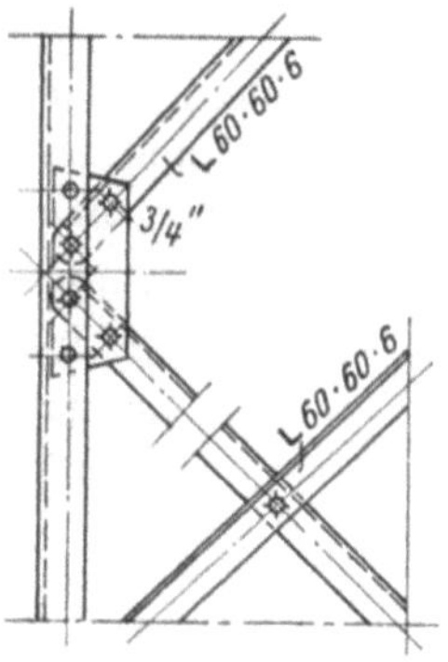

Abb. 134.

Horizontalverband bei III.

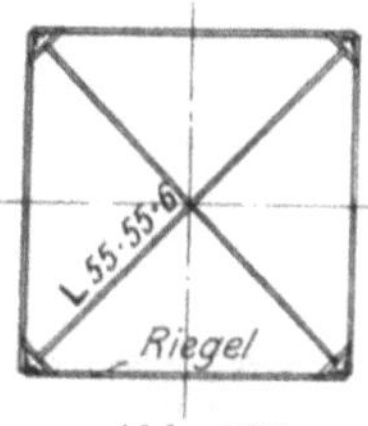

Abb. 135.

Einzelheiten der Mastschüsse.

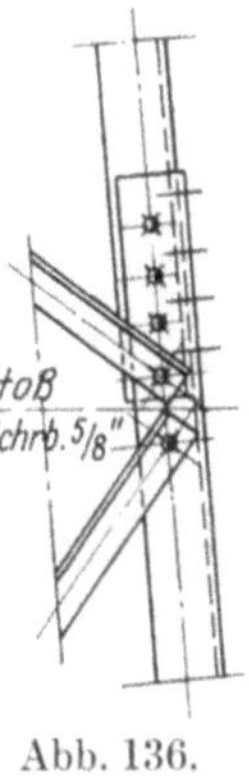

Abb. 136.

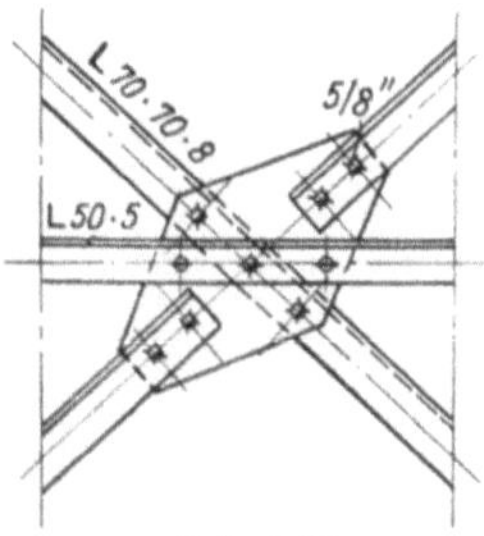

Abb. 137.

Horizontalverband bei I und II.

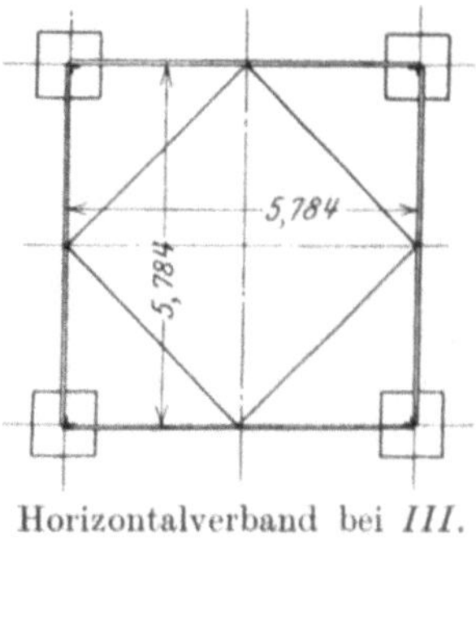

Abb. 138.

Gewicht des Mastes = 6,40 t,
Gewicht der Querträger = 3,50 t.
Gesamt = 9,90 t.

Somit Standsicherheit des Mastes $n = \frac{21{,}30}{7{,}85} = \infty 2{,}71$ fach.

Größter Druck auf das Erdreich $k_d = \frac{17050}{4 \cdot 26 \cdot 130} = \infty 1{,}26$ kg/cm².

Zum Anschluß der Schwellen gewählt 16 Schrauben $5/8''$ ⌀ mit je 1,31 cm² Kernquerschnitt.

Größte Zugbeanspruchung $k_z = \frac{7{,}85}{16 \cdot 1{,}31} = \infty 0{,}374$ t/cm².

Schwellenträger.

Abb. 140.

Größtes Moment $M_{max} = \frac{16{,}8}{2} \cdot \left(\frac{70}{2} - \frac{5}{2}\right) = \infty 273$ tcm. (Abb. 140.)

Gewählt 2 ⌶ N.P. 14 mit $W_x = 2 \cdot 86{,}4$ cm³.

Größte Beanspruchung auf Biegung $k_b = \frac{273}{2 \cdot 86{,}4} = \infty 1{,}58$ t/cm².

Zum Anschluß der Schwellenträger gewählt 12 Schrauben $5/8''$ ⌀ mit je 1,978 cm² Bolzenquerschnitt.

Größte Beanspruchung: auf Abscheren $k_s = \frac{16{,}80}{12 \cdot 1{,}978} = \infty 0{,}71$ t/cm².

Größte Beanspruchung: auf Lochleibung $k_l = \frac{16{,}80}{12 \cdot 1{,}59 \cdot 0{,}7} = \infty 1{,}25$ t/cm².

Die Konstruktion des Mastfußes und Schwellenlagers siehe folgende Abb. 141—144.

Bem.: Die Zuglast wird allgemein für alle Tragmaste derselben Strecke nach der größten vorkommenden Spannweite (hier 376 m) berechnet — der Gleichheit halber —, die Mastlänge ergibt sich nach der normalen Spannweite von 350 m wie folgt:

Mindestabstand des unteren Drahtes vom Erdboden . . . . . = 7,00 m
Größter Durchhang bei $+40°$ C . . . . = ∞ 14,10 „
Länge der Isolatorenhängekette . . . . = 2,10 „
Vom Aufhängepunkt der unteren Leitung bis Oberkante Mast = 7,30 „
Erforderliche Mastlänge über Erde = 30,50 m

Einzelheiten des Mastfußes für Schwellenfundierung (Abb. 141—144).

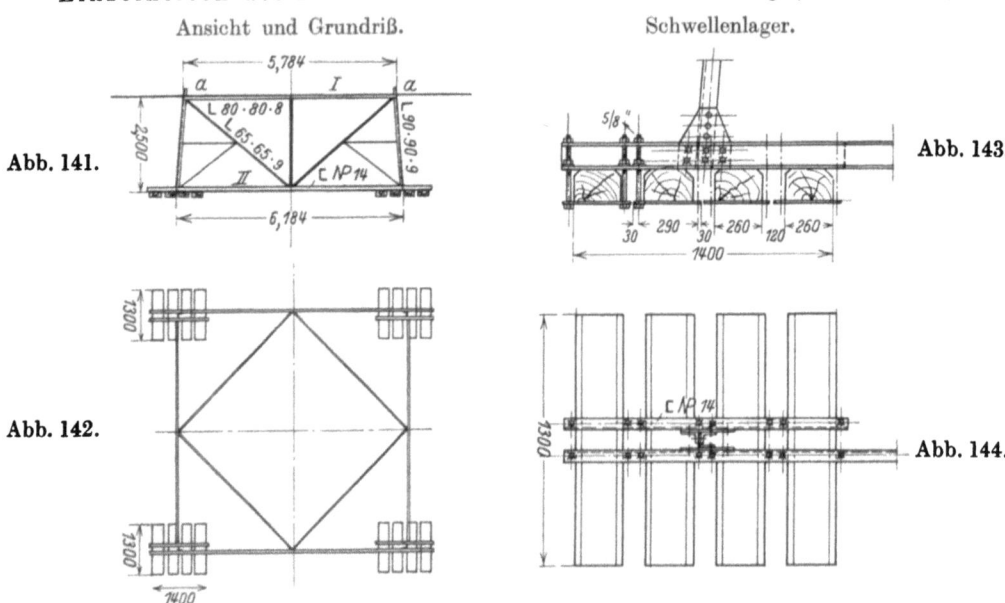

Abb. 141. Abb. 142. Abb. 143. Abb. 144.

Der Mast wird mit dem Schwellenfuße an der Erdoberkante bei a—a mittels Schrauben verbunden. Der im Grundriß angedeutete Horizontalverband liegt in der Ebene I und II.

Für die Ausführung: Der Mastfuß wird mit heißem Teer gestrichen. Die im Erdboden liegenden Profile der Winkeleisen werden wegen Rostgefahr 1 mm stärker gewählt als die statische Berechnung ergibt. Die Anschlußschrauben werden reichlich bemessen und die Schwellen aus gesundem Eichenholz mit Teeröl durchtränkt.

Statische Berechnung eines Abspannmastes für 13 840 kg Zug und 28,50 m Länge.

Allgemeines.

Die Spannweiten betragen 350 m. Die elektrische Spannung = 220 kV.
Verlegt werden folgende Leitungen:
1 Blitzseil 70 mm² mit 20 kg/mm² größter Beanspruchung.
6 Hohlseile 25 mm ⌀ 195 mm² mit 16 kg/mm² größter Beanspruchung.
Der größte Durchhang der Leitung beträgt bei $+40°$ C $= \sim 14{,}10$ m.
Somit Mindestabstand der Leitungen voneinander

$$a = 0{,}75 \cdot \sqrt{f_{max}} + \frac{U}{150};$$
$$a = 0{,}75 \cdot \sqrt{14{,}10} + \frac{220}{150} = 2{,}82 + 1{,}47 = 4{,}29 \text{ m}.$$

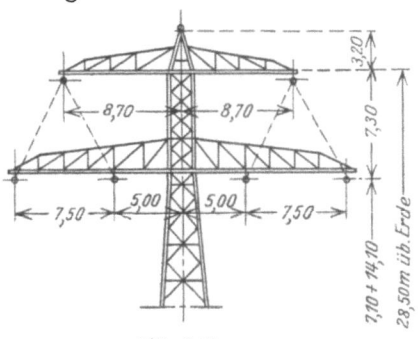

Abb. 145.

Gewählt mit Rücksicht auf große Betriebssicherheit $a = 7{,}50$ m.
Die Anordnung der Leitungen am Mastkopf siehe Abb. 145.
Die erforderliche Mastlänge ergibt sich wie folgt:

Mindestabstand der Leitungen vom Boden . . . . =	7,00 m
Größter Durchhang bei $+40°$ C . . . . =	14,10 ,,
Vom Aufhängepunkt der unteren Leitung bis Mastspitze . . =	7,30 ,,
Erforderliche Mastlänge =	28,40 m
Gewählte Mastlänge =	28,50 m

Die Zuglasten der Leitungen betragen für

1. das Blitzschutzseil $= \tfrac{2}{3} \cdot 70 \cdot 20 = \sim 940$ kg,
2. jedes Leitungsseil $= \tfrac{2}{3} \cdot 195 \cdot 16 = \sim 2080$ kg,

dazu ~ 70 kg Windlast auf Isolatorenkette $= \sim 2150$ kg.
Die Eigenlasten der Drähte betragen einschließlich Eislast:

für das Blitzseil $= 350 \cdot 1{,}20 = \sim 400$ kg,
für jedes Leitungsseil $= 350 \cdot 2{,}773 = \sim 1000$ kg,

dazu Eigenlast für 2 Abspann-Isolatorenketten $= \sim 200$ kg.

Beanspruchung.

Die zulässigen Beanspruchungen der Bauteile sind nach den „Vorschriften für Starkstrom-Freileitungen, V.S.F. 1930" wie folgt angenommen:
Flußstahl: Zug-, Druck- und Biegungsbeanspruchung = 1600 kg/cm².
Niete: Abscheren $k_s = 1280$, Lochleibung $k_l = 4000$ kg/cm².
Schrauben (rohe): Abscheren $k_s = 1000$, Lochleibung $k_l = 2500$ kg/cm².
Erdbelastung $\gtrless 2{,}50$ kg/cm²; Standsicherheit $n \gtrless 1{,}5$fach.
Böschungswinkel für Erdauflast = 20°.
Für Belastungen aus Verdrehung gelten folgende Beanspruchungen:
Flußstahl: Zug-, Druck- und Biegungsbeanspruchung = 2000 kg/cm².
Niete: $k_s = 1600$, $k_l = 5000$ kg/cm².
Schrauben (rohe): $k_s = 1280$, $k_l = 3100$ kg/cm².

Das Netz des Mastes und die Systemlängen sind auf S. 54 dargestellt. Die Konstruktion ist aus der Zeichnung S. 57 zu ersehen.

Schuß 1.

Schußlänge = 7,20 m, prismatisch; Mastbreite $B_1 = 2200$ mm.
Windlast auf den Mastschuß $W_1 = 125 \cdot 1{,}5 \cdot 7{,}2 \, (2 \cdot 0{,}08 + 3 \cdot 0{,}06) = \sim 560$ kg.
Eigenlasten: Blitzseil = 400 kg, 2 Leitungen = 2400 kg, oberer Querträger = 1400 kg, Schuß 1 = 1200 kg, zusammen = 5400 kg.

Die Angriffspunkte der Zuglasten siehe Abb. 146.
Die größten Momente betragen:

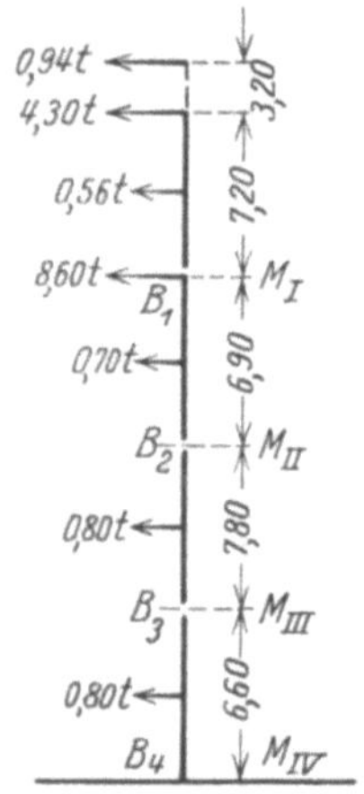

$$M = 0{,}94 \cdot 10{,}40 = 9{,}776 \text{ mt}$$
$$4{,}30 \cdot 7{,}20 = 30{,}960 \text{ ,,}$$
$$0{,}56 \cdot 5{,}00 = 2{,}800 \text{ ,,}$$
$$M_I = 43{,}536 \text{ mt}$$
$$5{,}80 \cdot 6{,}90 = 40{,}020 \text{ ,,}$$
$$8{,}60 \cdot 6{,}90 = 59{,}340 \text{ ,,}$$
$$0{,}70 \cdot 3{,}45 = 2{,}414 \text{ ,,}$$
$$M_{II} = 145{,}310 \text{ mt}$$
$$15{,}10 \cdot 7{,}80 = 117{,}78 \text{ ,,}$$
$$0{,}80 \cdot 3{,}90 = 3{,}12 \text{ ,,}$$
$$M_{III} = 266{,}21 \text{ mt}$$
$$15{,}90 \cdot 6{,}60 = 104{,}94 \text{ ,,}$$
$$0{,}80 \cdot 3{,}30 = 2{,}64 \text{ ,,}$$
$$H = 16{,}70 \text{ t}; \quad M_{IV} = 373{,}79 \text{ mt}$$

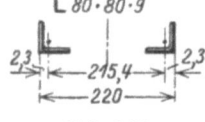

Abb. 146.

Der Mast ist vierschüssig mit Riegeln und Doppeldiagonalen konstruiert.

Schuß 1 = prismatisch.

Schuß 2 bis 4 = Zunahme der Mastbreite = 180 mm/lfdm.

Größte Gurtkräfte $\pm S = \dfrac{43{,}536}{2 \cdot 2{,}154} = \sim 10{,}1 \mp \dfrac{5{,}40}{4} = \pm \begin{smallmatrix}8{,}75 \text{ t,}\\11{,}45 \text{ t.}\end{smallmatrix}$ (Abb. 147.)

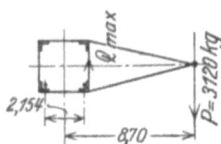

Abb. 147.

Gewählt L $80 \cdot 80 \cdot 9$ mit $f = 13{,}70 - 2 \cdot 1{,}7 \cdot 0{,}9 = 10{,}64 \text{ cm}^2$; $i_{min} = 1{,}54 \text{ cm}$.

Knicklänge $l = 131{,}6 \text{ cm}$; $\dfrac{l}{i} = \dfrac{131{,}6}{1{,}54} = \sim 86$; $\omega = 1{,}76$.

Größte Zugbeanspruchung $k_z = \dfrac{8{,}75}{10{,}64} = \sim 0{,}82 \text{ t/cm}^2$.

Größte Druckbeanspruchung $k_d = \dfrac{1{,}76 \cdot 11{,}45}{13{,}70} = \sim 1{,}47 \text{ t/cm}^2$.

Zum Anschluß der Eckeisen gewählt 8 Schrauben $^5/_8''$ mit $f = 1{,}978$.

Größte Beanspruchung: auf Abscheren $k_s = \dfrac{11{,}45}{8 \cdot 1{,}978} = \sim 0{,}723 \text{ t/cm}^2$.

Größte Beanspruchung: auf Lochleibung $k_l = \dfrac{11{,}45}{8 \cdot 1{,}59 \cdot 0{,}9} = \sim 1{,}00 \text{ t/cm}^2$.

Diagonalen. Dieselben erhalten die größte Belastung aus dem Drehmoment. Hierbei ist angenommen, daß im Nachbarfelde eine Leitung reißt, und zwar diejenige, bei deren Wegfall die einzelnen Stäbe am stärksten beansprucht werden.

Größte Querkraft für eine Mastwand:

$$Q = \dfrac{M_d}{2 B_\xi} + \dfrac{Z}{2}; \quad Z = 195 \cdot 16 = 3120 \text{ kg}; \quad M_d = Z \cdot l; \quad l = 8{,}70.$$

Abb. 148.

Somit $Q = \dfrac{3{,}12 \cdot 8{,}7}{2 \cdot 2{,}154} + \dfrac{3{,}12}{2} = \sim 7{,}86 \text{ t}$. (Abb. 148.)

Größte Diagonalkraft $D = \dfrac{1}{2} \cdot 7{,}86 \cdot \dfrac{254}{211} = \sim 4{,}74 \text{ t}$. (Abb. 149.)

Gewählt L $60 \cdot 60 \cdot 6$ mit $f = 6{,}91 - 1{,}7 \cdot 0{,}6 = 5{,}89 \text{ cm}^2$; $i_{min} = 1{,}17 \text{ cm}$.

Knicklänge $l = 127 \text{ cm}$; $\dfrac{l}{i} = \dfrac{127}{1{,}17} = \sim 109$; $\omega = 2{,}81$.

Größte Zugbeanspruchung $k_z = \dfrac{4{,}74}{5{,}89} = \sim 0{,}805 \text{ t/cm}^2$.

Größte Druckbeanspruchung $k_d = \dfrac{2{,}81 \cdot 4{,}74}{6{,}91} = \sim 1{,}93 \text{ t/cm}^2$.

Abb. 149.

Zum Anschluß der Diagonalen gewählt 2 Schrauben $^5/_8''$ mit $f = 1{,}978 \text{ cm}^2$.

Größte Beanspruchung: auf Abscheren $k_s = \dfrac{4{,}74}{2 \cdot 1{,}978} = \sim 1{,}20 \text{ t/cm}^2$.

Größte Beanspruchung: auf Lochleibung $k_l = \dfrac{4{,}74}{2 \cdot 1{,}59 \cdot 0{,}6} = \sim 2{,}48 \text{ t/cm}^2$.

Für die Nutzlast (Leitung nicht zerrissen) ergibt sich die Diagonalkraft wie folgt:

Querkraft für eine Mastwand $Q = \frac{5,80}{2} = 2,90$ t.

Größte Diagonalkraft $D = \frac{1}{2} \cdot 2,90 \cdot \frac{254}{211} = \infty\, 1,74$ t.

Somit größte Druckbeanspruchung $k_d = \frac{2,81 \cdot 1,74}{6,91} = \infty\, 0,71$ t/cm².

Beanspruchung der Anschlußschrauben sehr gering.

Schuß 2.

Winddruck $W_2 = 125 \cdot 1,5 \cdot 6,9\,(2 \cdot 0,10 + 4 \cdot 0,07) = \infty\, 0,70$ t.

Eigenlasten: Von Schuß 1 = 5400 kg; Schuß 2 = 1600 kg; 4 Leitungen = 4 · 1200 kg; unterer Querträger = 2600 kg. Zusammen für Schuß 2 = 14 400 kg.

Mastbreite $B_2 = 2200 + 180 \cdot 6,9 + 22 = 3464$ mm.

Schwerpunktsabstand der Eckeisen $B_{2\xi} = 346,4 - 2 \cdot 2,8 = 340,8$ cm.

Größte Gurtkräfte

$\pm S_2 = \frac{145,31}{2 \cdot 3,408} = \infty\, 21,30 \mp \frac{14,40}{4} = \pm \begin{matrix}17,70\text{ t,}\\24,90\text{ t.}\end{matrix}$ (Abb. 150.)

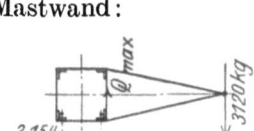

Abb. 150.

Gewählt ∟ 100 · 100 · 11 mit $f = 20,90 - 2 \cdot 1,7 \cdot 1,1 = 17,16$ cm²; $i_{\min} = 1,955$ cm.

Knicklänge $l = 122,6$ cm; $\frac{l}{i} = \frac{122,6}{1,955} = \infty\, 63$; $\omega = 1,30$.

Beanspruchung $k_z = \frac{17,70}{17,16} = \infty\, 1,03$ t/cm²; $k_d = \frac{24,90 \cdot 1,30}{20,90} = \infty\, 1,55$ t/cm².

Zum Stoß 14 Schrauben $^5/_8''$ ⌀ mit f je 1,978 cm².

Beanspruchung $k_s = \frac{24,90}{14 \cdot 1,978} = \infty\, 0,90$ t/cm²; $k_l = \frac{24,90}{14 \cdot 1,59 \cdot 1,1} = \infty\, 1,01$ t/cm².

Diagonalen. Größte Querkraft aus dem Drehmoment für eine Mastwand:

$Q = \frac{M_d}{2 B_\xi} + \frac{Z}{2}$; $Z = 195 \cdot 16 = 3120$ kg; $M_d = Z \cdot l$; $l = 12,50$ m.

Somit $Q = \frac{3,12 \cdot 12,5}{2 \cdot 2,154} + \frac{3,12}{2} = \infty\, 10,61$ t. (Abb. 151.)

Hebelarme siehe System S. 54: $r_2 = 14,00$ m; $h_2 = 11,70$ m.

Größte Diagonalkraft $D_2 = \frac{1}{2} \cdot \frac{10,61 \cdot 11,7}{14,00} = \infty\, 4,45$ t.

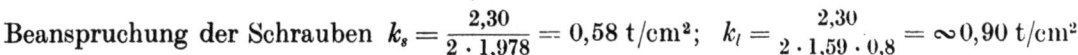

Abb. 151.

Gewählt ∟ 75 · 75 · 8 mit $f = 12,80 - 1,7 \cdot 0,8 = 11,44$ cm²; $i_{\min} = 1,46$ cm.

Größte Knicklänge $l = 208$ cm (Abb. 152); $\frac{l}{i} = \frac{208}{1,46} = \infty\, 142$; $\omega = 4,77$.

Beanspruchung $k_z = \frac{4,45}{11,44} = \infty\, 0,39$ t/cm²; $k_d = \frac{4,45 \cdot 4,77}{12,80} = \infty\, 1,66$ t/cm².

Zum Anschluß 2 Schrauben $^5/_8''$ ⌀ mit $f = 1,978$ cm².

Beanspruchung $k_s = \frac{4,45}{2 \cdot 1,978} = \infty\, 1,12$ t/cm²; $k_l = \frac{4,45}{2 \cdot 1,59 \cdot 0,8} = \infty\, 1,75$ t/cm².

Für den Fall intakter Leitungen ergibt sich folgende Diagonalkraft:

Querkraft $Q = \frac{15,100}{2} - 21,3 \cdot 180 = \infty\, 3710$ kg.

Somit Diagonalkraft $D_2 = \frac{1}{2} \cdot 3,71 \cdot \frac{3898}{3147} = \infty\, 2,30$ t.

Somit Druckbeanspruchung $k_d = \frac{2,30 \cdot 4,77}{12,80} = \infty\, 0,86$ t/cm².

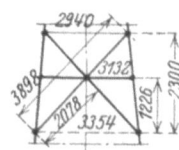

Abb. 152.

Beanspruchung der Schrauben $k_s = \frac{2,30}{2 \cdot 1,978} = 0,58$ t/cm²; $k_l = \frac{2,30}{2 \cdot 1,59 \cdot 0,8} = \infty\, 0,90$ t/cm².

Riegel. Dieselben dienen zur Versteifung der Eckeisen und zum Halten der Diagonalen in ihren Kreuzungspunkten. Die axiale Belastung der Riegel aus der Knickbelastung der Eckeisen beträgt nach Vianello[1]

$$Q = \frac{F}{11} \cdot \frac{k_z \cdot 1000}{3100} \text{ in kg.}$$

---

[1] Der Eisenbau 1905, S. 434.

52 Berechnungsbeispiele.

Hierin bedeuten: F = Querschnitt des Eckeisens in cm²,
k_z = zulässige Beanspruchung = 1600 kg/cm²,
3100 = Quetschgrenze für Flußeisen,
11 = Unveränderliche.

Somit $Q = \dfrac{F}{11} \cdot \dfrac{1600 \cdot 1000}{3100} = \sim F \cdot 47$ in kg.

Für $F = 20{,}90$ cm² wird $Q = 20{,}90 \cdot 47 = \sim 980$ kg.

Gewählt 1 L 55 · 55 · 6 mit $f = 6{,}31 - 1{,}7 \cdot 0{,}6 = 5{,}29$ cm²; $i_{min} = 1{,}07$ cm, $i_\xi = 1{,}66$ cm;
$l_1 = 156{,}5$; $l_2 = 313$ cm; $\dfrac{156{,}5}{1{,}07} = \sim 146$; $\dfrac{313}{1{,}66} = 188$; $\omega = 8{,}35$.

Größte Beanspruchung $k_z = \dfrac{0{,}98}{5{,}29} = \sim 0{,}18$ t/cm²; $k_d = \dfrac{8{,}35 \cdot 0{,}98}{6{,}31} = \sim 1{,}29$ t/cm².

Zum Anschluß 2 Schrauben ⅝″ mit f = je 1,978 cm².
Beanspruchung derselben sehr gering.

Schuß 3.

Winddruck $W_3 = 125 \cdot 1{,}5 \cdot 7{,}80\,(2 \cdot 0{,}12 + 4{,}8 \cdot 0{,}055) = \sim 800$ kg.

Eigenlasten: Von Schuß 2 = 14,40 t; dazu Schuß 3 = 2,40 t. Zusammen = 16,80 t.

Mastbreite $B_3 = 2200 + 180 \cdot 14{,}7 + 22 + 22 = 4890$ mm.

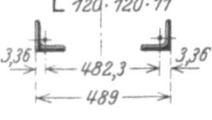

Schwerpunktsabstand der Eckeisen $B_{3\xi} = 489 - 2 \cdot 3{,}36 = 482{,}3$ cm.

Größte Gurtkräfte

$$\pm S_3 = \dfrac{266{,}21}{2 \cdot 4{,}823} = \sim 27{,}60 \mp \dfrac{16{,}80}{4} = \sim \pm \begin{matrix}23{,}40\text{ t,}\\31{,}80\text{ t.}\end{matrix}\quad \text{(Abb. 153.)}$$

Abb. 153.   Gewählt L 120 · 120 · 11; $f = 25{,}40 - 2 \cdot 2{,}0 \cdot 1{,}1 = 21{,}00$ cm²;
$i_{min} = 2{,}35$ cm.

Knicklänge $l = 137$ cm; $\dfrac{l}{i} = \dfrac{137}{2{,}35} = \sim 58$; $\omega = 1{,}24$.

Beanspruchung $k_z = \dfrac{23{,}40}{21{,}00} = \sim 1{,}11$ t/cm²; $k_d = \dfrac{1{,}24 \cdot 31{,}80}{25{,}40} = \sim 1{,}55$ t/cm².

Zum Stoß gewählt 12 Schrauben ¾″ mit je 2,85 cm².

Beanspruchung $k_s = \dfrac{31{,}80}{12 \cdot 2{,}85} = \sim 0{,}93$ t/cm²; $k_l = \dfrac{31{,}80}{12 \cdot 1{,}9 \cdot 1{,}1} = \sim 1{,}27$ t/cm².

Diagonalen. Größte Querkraft wie bei Schuß 2 = 10,61 t.

Hebelarm siehe System S. 54: $r_3 = 21{,}60$ m; $h_3 = 11{,}70$ m.

Größte Diagonalkraft $D_3 = \dfrac{1}{2} \cdot \dfrac{10{,}61 \cdot 11{,}70}{21{,}60} = \sim 2{,}88$ t.

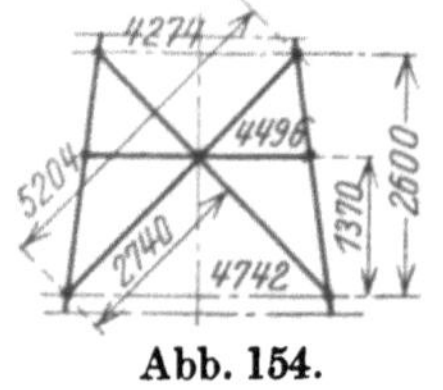

Gewählt ⊤⊤ 55 · 55 · 5 mit $f = 10{,}64 - 2 \cdot 1{,}7 \cdot 0{,}5 = 8{,}94$ cm²;
$i_\xi = 1{,}67$ cm.

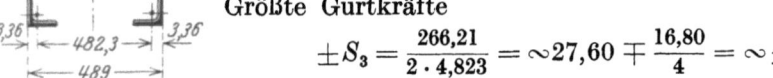

Knicklänge $l = 274$ cm (Abb. 154); $\dfrac{l}{i} = \dfrac{274}{1{,}67} = \sim 164$; $\omega = 6{,}36$.

Größte Beanspruchung

$$k_z = \dfrac{2{,}88}{8{,}94} = \sim 0{,}32 \text{ t/cm}^2; \quad k_d = \dfrac{6{,}36 \cdot 2{,}88}{10{,}64} = \sim 1{,}72 \text{ t/cm}^2.$$

Abb. 154.

Für intakte Leitung wird $Q = \dfrac{15900}{2} - 27{,}60 \cdot 180 = \infty 2980$ kg.

Somit Diagonalkraft $D_3 = \dfrac{1}{2} \cdot 2980 \cdot \dfrac{5204}{4508} = \sim 1720$ kg.

Druckbeanspruchung $k_d = \dfrac{6{,}36 \cdot 1{,}72}{10{,}64} = \sim 1{,}02$ t/cm².

Zum Anschluß gewählt 2 Schrauben ⅝″ mit je 1,978 cm².

Beanspruchung $k_s = \dfrac{2{,}88}{2 \cdot 1{,}978} = \sim 0{,}73$ t/cm²; $k_l = \dfrac{2{,}88}{2 \cdot 1{,}59 \cdot 0{,}5 \cdot 2} = \sim 0{,}90$ t/cm².

Riegel. $F_3 = 25{,}40$ cm²; $Q_3 = 25{,}40 \cdot 47 = \sim 1200$ kg.

Gewählt 1 L 65 · 65 · 8 mit $f = 9{,}84 - 1{,}7 \cdot 0{,}8 = 8{,}48$ cm²; $i_{min} = 1{,}25$ cm; $i_\xi = 1{,}95$ cm;
$l_1 = 225$; $l_2 = 449{,}6$ cm; $\dfrac{225}{1{,}25} = 180$; $\dfrac{449{,}6}{1{,}95} = 230$; $\omega = 12{,}49$.

Größte Beanspruchung $k_z = \frac{1,20}{8,48} = \sim 0,14$ t/cm²; $k_d = \frac{1,20 \cdot 12,49}{9,84} = \sim 1,52$ t/cm².

Zum Anschluß 2 Schrauben ⅝″ ⌀. Beanspruchung sehr gering.

Schuß 4.

Winddruck $W_4 = 125 \cdot 1,5 \cdot 6,60 (2 \cdot 0,13 + 5,5 \cdot 0,06) = \sim 800$ kg.

Eigenlasten: Von Schuß 3 = 16,80 t; dazu Schuß 4 = 2,40 t. Zusammen für Schuß 4 = 16,80 + 2,40 = 19,20 t.

Mastbreite $B_4 = 2200 + 21,3 \cdot 180 + 22 + 22 + 24 = 6102$ mm.

Schwerpunktsabstand $B_{4\xi} = 610,2 - 2 \cdot 3,6 = 603,0$ cm.

Größte Gurtkräfte

$\pm S_4 = \frac{373,79}{2 \cdot 6,03} = \sim 31,00 \mp \frac{19,20}{4} = \pm \begin{matrix} 26,20 \text{ t,} \\ 35,80 \text{ t.} \end{matrix}$ (Abb. 155.)

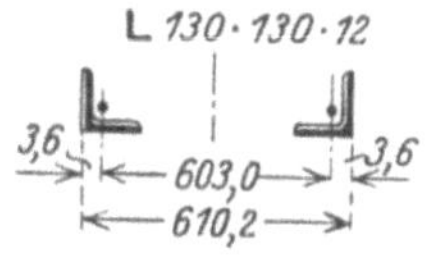

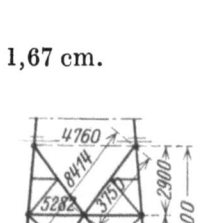

Abb. 155.

Gewählt L 130 · 130 · 12 mit $f = 30,00 - 2 \cdot 2,0 \cdot 1,2 = 25,2$ cm²;

$i_{\min} = 2,54$ cm.

Knicklänge $l = 120$ cm; $\frac{l}{i} = \frac{120}{2,54} = \sim 47$; $\omega = 1,15$.

Beanspruchung $k_z = \frac{26,20}{25,20} = \sim 1,04$ t/cm²; $k_d = \frac{1,15 \cdot 35,8}{30,00} = \sim 1,37$ t/cm².

Zum Stoß 14 Schrauben ¾″ mit je 2,85 cm² Querschnitt.

Beanspruchung $k_s = \frac{35,80}{14 \cdot 2,85} = \sim 0,90$ t/cm²; $k_l = \frac{35,80}{14 \cdot 1,9 \cdot 1,2} = \sim 1,12$ t/cm².

Diagonalen. Größte Querkraft wie bei Schuß 2 = 10,61 t. Hebelarm siehe System S. 54: $r_4 = 18,60$ m; $h_4 = 11,70$ m.

Größte Diagonalkraft $D_4 = \frac{1}{2} \cdot \frac{10,61 \cdot 11,7}{18,60} = \sim 3,34$ t.

Gewählt ⌐⌐ 55 · 55 · 5 mit $f = 10,64 - 2 \cdot 1,7 \cdot 0,5 = 8,94$ cm²; $i_\xi = 1,67$ cm.

Knicklänge $l = 187,5$ cm (Abb. 156); $\frac{l}{i} = \frac{187,5}{1,67} = \sim 112$; $\omega = 2,97$.

Beanspruchung

$k_z = \frac{3,34}{8,94} = \sim 0,37$ t/cm²; $k_d = \frac{2,97 \cdot 3,34}{10,64} = \sim 0,93$ t/cm².

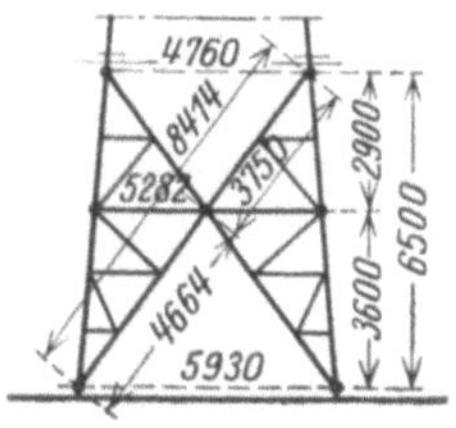

Im mittleren Drittel der Stablänge haben die beiden L-Eisen 30 mm Abstand voneinander.

$J_\xi = 14,8$ cm⁴, $e = 1,50 + 1,52 = 3,02$ cm.

Abb. 156.

$J_1 = 2(J_\xi + e^2 \cdot f) = 2(14,8 + 3,02^2 \cdot 5,32) = \sim 126$ cm⁴;

$i_1 = \sqrt{\frac{126}{10,64}} = \sim 3,44$ cm; $l_1 = 466$ cm; $\frac{l}{i} = \frac{466}{3,44} = 136$; $\omega = 4,38$.

Somit Druckbeanspruchung $k_d = \frac{4,38 \cdot 3,34}{10,64} = \sim 1,37$ t/cm². Zum Anschluß 2 Schrauben ⅝″ mit je 1,978 cm², zweischnittig.

Beanspruchung $k_s = \frac{3,34}{2 \cdot 1,978 \cdot 2} = \sim 0,42$ t/cm²; $k_l = \frac{3,34}{2 \cdot 1,59 \cdot 2 \cdot 0,5} = \sim 1,05$ t/cm².

Riegel. $F_4 = 30,00$ cm²; $Q_4 = 30,00 \cdot 47 = 1410$ kg.

Gewählt ⌐⌐ 55 · 55 · 5 mit 30 mm Abstand; f und i_ξ und i_1 wie oben.

Knicklänge $l_\xi = 264$ cm; $l_1 = 528$ cm; $\frac{264}{1,67} = \sim 160$; $\frac{528}{3,44} = \sim 154$; $\omega = 6,04$.

Größte Druckbeanspruchung $k_d = \frac{6,04 \cdot 1,41}{10,64} = \sim 0,80$ t/cm².

Zum Anschluß 2 Schrauben ⅝″. Beanspruchung sehr gering.

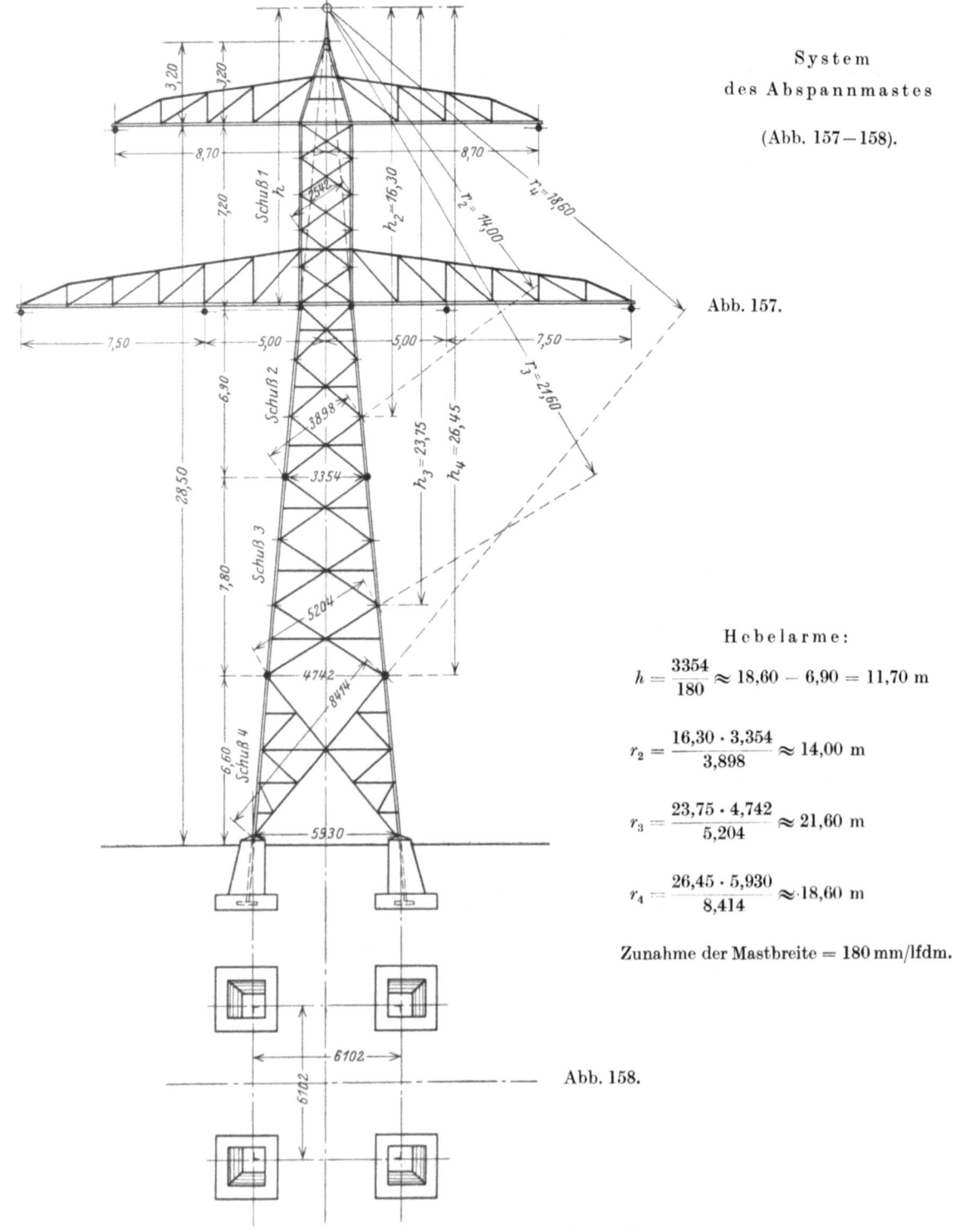

System des Abspannmastes (Abb. 157—158).

Abb. 157.

Hebelarme:

$$h = \frac{3354}{180} \approx 18{,}60 - 6{,}90 = 11{,}70 \text{ m}$$

$$r_2 = \frac{16{,}30 \cdot 3{,}354}{3{,}898} \approx 14{,}00 \text{ m}$$

$$r_3 = \frac{23{,}75 \cdot 4{,}742}{5{,}204} \approx 21{,}60 \text{ m}$$

$$r_4 = \frac{26{,}45 \cdot 5{,}930}{8{,}414} \approx 18{,}60 \text{ m}$$

Zunahme der Mastbreite = 180 mm/lfdm.

Abb. 158.

Abb. 159.

Fundament.

Größte Stabkräfte im unteren Eckeisen siehe S. 53 = $\pm \frac{26{,}2 \text{ t,}}{35{,}8 \text{ t.}}$

Gewählt unter jedem Eckeisen ein Fundament nach nebenstehender Skizze.

Inhalt des Betonklotzes (Abb. 159):

$$J_b = \frac{2{,}00}{3}(1{,}00^2 + 1{,}50^2 + 1{,}00 \cdot 1{,}50) + 2{,}50^2 \cdot 0{,}60 = 6{,}92 \text{ m}^3.$$

Inhalt der auflagernden Erde bei 20° Böschungswinkel:

$$J_e = \frac{2{,}00}{3}(3{,}90^2 + 2{,}50^2 + 3{,}9 \cdot 2{,}5) = 20{,}8 - 3{,}17 = 17{,}63 \text{ m}^3.$$

Gesamtes Eigengewicht = 6,92 · 2,0 + 17,63 · 1,6 = 13,84 + 28,2 = 42,0 t.

Standsicherheit des Mastes $n = \frac{42,0}{26,2} = \infty 1,6$ fach.

Größte Belastung des Erdbodens $k_d = \frac{35\,800 + 13\,840}{250^2} = \infty 0,8$ kg/cm².

Oberer Querträger.

Die Querträger sind für den ungünstigen Belastungsfall gerissener Leitungen berechnet worden.
Größter Leitungszug $P = 195 \cdot 16 = 3120$ kg.

Eigen- und Eislast einer Leitung des halben Spannfeldes $G_1 = 2,773 \cdot \frac{350}{2} = \infty 500$ kg + 100 kg für Isolatorenkette = 600 kg.

Eigenlast des Querträgers = ∞ 100 kg pro Knotenpunkt.

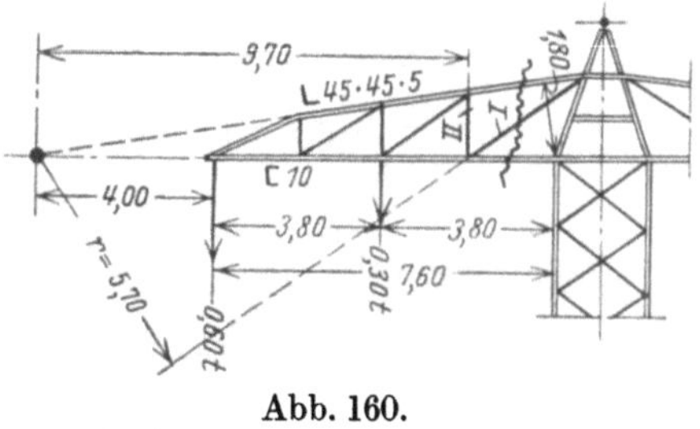

Die größten Gurtkräfte betragen nach Abb. 160:

1. aus Leitungszug $\pm S = \frac{3,12 \cdot 7,6}{2,17} = \infty \pm 10,90$ t,

2. aus Vertikallast

$\pm S = \frac{1}{1,80}(0,60 \cdot 7,60 + 0,3 \cdot 3,8) = \infty \pm 3,16$ t.

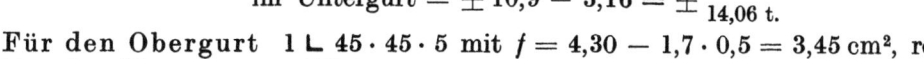

Größte Stabkräfte: im Obergurt = + 3,16 t,
im Untergurt = ± 10,9 − 3,16 = ± $\begin{matrix}7,74\text{ t,}\\14,06\text{ t.}\end{matrix}$

Abb. 160.

Für den Obergurt 1 L 45 · 45 · 5 mit $f = 4,30 − 1,7 \cdot 0,5 = 3,45$ cm², reichlich.
Für den Untergurt 1 ⌶ N.P. 10 mit $f = 13,50 − 2 \cdot 1,7 \cdot 0,85 = 10,60$ cm².

$i_{min} = 1,47$ cm; $i_x = 3,91$ cm; $l_1 = 95$ cm; $l_x = 190$ cm; $\frac{l}{i} = \frac{95}{1,47} = \infty 65$; $\frac{190}{3,91} = \infty 49$; $\omega = 1,32$.

Größte Druckbeanspruchung $k_d = \frac{1,32 \cdot 14,06}{13,50} = \infty 1,37$ t/cm².

Diagonalen. Zunahme der Breite des Gurtes = $\frac{2200 - 800}{7,60} = 184$ mm/lfdm.

Größte Querkraft $Q = 3120 − 10,9 \cdot 184 = \infty 1120$ kg.

Stabkraft der längsten Diagonalen $D = 1120 \cdot \frac{2,25}{2,05} = \infty 1230$ kg.

Gewählt für alle Diagonalen 1 ⌶ N.P. 10 mit $f = 13,50$ cm²; $i_{min} = 1,47$; $l_{max} = 225$ cm;

$\frac{l}{i} = \frac{225}{1,47} = \infty 153$; $\omega = 5,54$; $k_d = \frac{5,54 \cdot 1,23}{13,50} = \infty 0,51$ t/cm².

Horizontalen gleichfalls 1 ⌶ N.P. 10. Beanspruchung < 0,51 t/cm².

Vertikalträger: Stabkraft der Diagonale I (nach Ritter):

$$+ D = \frac{1}{5,70}(0,60 \cdot 4,00 + 0,30 \cdot 7,80) = \infty + 0,83 \text{ t.}$$

Stabkraft der Vertikale II: $-V = \frac{1}{9,70}(0,6 \cdot 4,0 + 0,3 \cdot 7,8) = \infty - 0,49$ t.

Gewählt für alle Diagonalen und Vertikalen je 1 L 45 · 45 · 5. Beanspruchung gering.
Zum Anschluß je 1 Schraube ⅝", reichlich.

Unterer Querträger.

Die Belastungen sind genau wie vorige.
Der Untergurt ist im Punkt a gestoßen, daher bezieht sich die folgende Berechnung auf diese Stoßstelle (Abb. 161).

Schwerpunktsabstand der Stoßstelle
= $172 − 2 \cdot 1,6 = 168,8$ cm.

Die größten Gurtkräfte betragen:

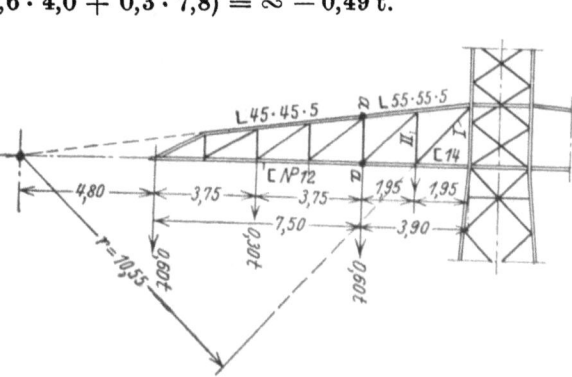

Abb. 161.

1. aus Leitungszug $\pm S = \frac{3,12 \cdot 7,50}{1,688} = \infty \pm 13,88$ t,

2. aus Vertikallast $\pm S = \frac{1}{1,65}(0,60 \cdot 7,5 + 0,3 \cdot 3,75) = \infty \pm 3,40$ t.

Gesamte Stabkräfte: im Obergurt = + 3,40 t,
im Untergurt = ± 13,88 − 3,40 = ± $\begin{matrix}10,48\text{ t,}\\17,28\text{ t.}\end{matrix}$

Für den Obergurt: 1 L 45·45·5 mit $f = 4,3 - 1,7·0,5 = 3,45$ cm²; reichlich.
Für den Untergurt: 1 [N.P. 12 mit $f = 17,00 - 2·1,7·0,9 = 13,94$ cm².

$i_{min} = 1,59$ cm; $i_x = 4,62$ cm; $l_1 = 94$ cm; $l_2 = 187,5$; $\frac{l}{i} = \frac{94}{1,59} = \sim 59$; $\frac{187,5}{4,62} = \sim 41$; $\omega = 1,25$.

Beanspruchung $k_z = \frac{10,48}{13,94} = \sim 0,75$ t/cm²; $k_d = \frac{1,25·17,28}{17,00} = \sim 1,27$ t/cm².

Für die Anschlußstelle am Mast ergeben sich folgende Werte:
Schwerpunktsabstand $= 220 - 2·1,75 = 216,5$ cm.
Größte Gurtkräfte:

1. aus Leitungszug $\pm S = \frac{3,12}{2,165}(3,90 + 11,40) = \pm 22,0$ t,

2. aus Vertikallast $\pm S = \frac{1}{2,10}[(3,90 + 11,40)·0,60 + 0,30·7,65 + 0,10·1,95] = \pm 5,5$ t.

Gesamte Stabkräfte: im Obergurt $= +5,50$ t,
im Untergurt $= \pm 22,00 - 5,50 = \pm \begin{matrix} 16,50 \text{ t,} \\ 27,50 \text{ t.} \end{matrix}$

Für den Obergurt gewählt 1 L 55·55·5 mit $f = 5,32 - 1,7·0,5 = 4,47$ cm².

Größte Zugbeanspruchung $k_z = \frac{5,50}{4,47} = \sim 1,23$ t/cm².

Für den Untergurt: 1 [N.P. 14 mit $f = 20,40 - 2·1,7·1,0 = 17,00$ cm²; $i_{min} = 1,75$ cm; $i_x = 5,45$ cm; $l_1 = 95$; $l_2 = 190$ cm; $\frac{l}{i} = \frac{95}{1,75} = \sim 54$; $\frac{190}{5,45} = \sim 35$; $\omega = 1,20$.

Größte Beanspruchung $k_z = \frac{16,50}{17,00} = \sim 0,97$ t/cm²; $k_d = \frac{1,2·27,5}{20,4} = \sim 1,6$ t/cm².

Diagonalen. Zunahme der Breite der Gurtung $= 123$ mm/lfdm.
Querkraft bis Stoß $a = 3120 - 123·13,88 = \sim 1410$ kg.

Diagonalkraft $D_a = 1410·\frac{1800}{1600} = \sim 1590$ kg.

Gewählt ⌐ 45·45·5 mit $f = 8,60$ cm²; $i_\xi = 1,35$ cm; $l = 180$ cm; $\frac{l}{i} = \frac{180}{1,35} = \sim 133$; $\omega = 4,19$.

Druckbeanspruchung $k_d = \frac{4,19·1,59}{8,60} = \sim 0,78$ t/cm².

Horizontalen bis Stoß a gleichfalls ⌐ 45·45·5 gewählt.
Diagonalen vom Stoß a bis zur Anschlußstelle am Mast:
Querkraft $Q = 6240 - 123·22,0 = \sim 3560$ kg.

Größte Diagonalkraft $D = 3560·\frac{2250}{2100} = \sim 3820$ kg.

Gewählt ⌐ 55·55·5 mit $f = 10,64$ cm²; $i_\xi = 1,67$; $l = 225$ cm; $\frac{l}{i} = \frac{225}{1,67} = \sim 135$; $\omega = 4,32$.

Druckbeanspruchung $k_d = \frac{4,32·3,82}{10,64} = \sim 1,55$ t/cm².

Horizontalen: Gewählt ⌐ 50·50·5 mit $f = 9,6$ cm²; $i = 1,51$ cm; $\frac{l}{i} = \frac{200}{1,51} = \sim 132$;
$\omega = 4,13$; $k_d = \frac{4,13·3,56}{9,60} = \sim 1,53$ t/cm².

Vertikalträger. Stabkraft der Diagonale I (nach Ritter) (Abb. 161):

$$+D_I = \frac{1}{10,55}·[(4,80 + 12,3)·0,60 + 0,3·8,55 + 0,10·14,25] = \sim +1,35 \text{ t.}$$

Alle Diagonalen gewählt 1 L 45·45·5; reichlich.

Vertikale II. $-V_2 = \frac{1}{14,25}·[(4,80 + 12,3)·0,60 + 0,3·8,55] = \sim -0,90$ t.

Gewählt je 1 L 55·55·6 mit $f = 6,31$ cm²; $i_{min} = 1,07$ cm.

Größte Knicklänge $l = 190$ cm; $\frac{l}{i} = \frac{190}{1,07} = \sim 177$; $\omega = 7,4$.

Größte Druckbeanspruchung $k_d = \frac{7,4·0,9}{6,31} = \sim 1,05$ t/cm².

Zum Anschluß aller Wandglieder je 1 Schraube $^5/_8''$ mit $f = 1,978$ cm².

Größte Beanspruchung: auf Abscheren $k_s = \frac{1,35}{1,978} = \sim 0,68$ t/cm².

Größte Beanspruchung: auf Lochleibung $k_l = \frac{1,35}{1,59·0,5} = \sim 1,70$ t/cm².

Abspannmast für 13840 kg Zug; 28,50 m Länge über Erde (Abb. 162—178).

6 Hohlseile Cu 25 mm ⌀ 195 mm², 16 kg/mm² Beanspruchung. 220 k Volt.
1 Blitzseil Fe 10,5 mm ⌀ 70 mm², 20 kg/mm² Beanspruchung. Spannweite = 350 m.

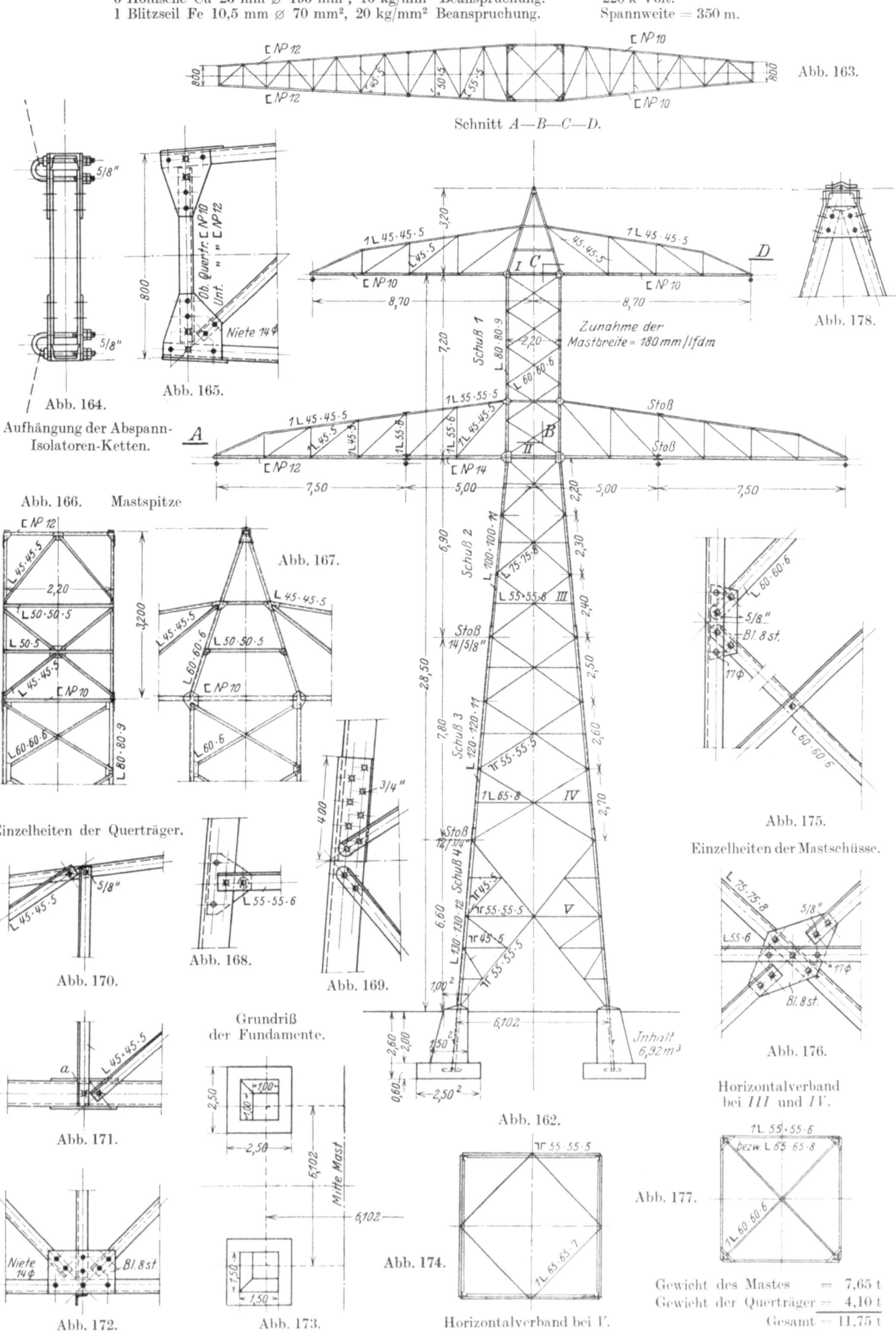

Gewicht des Mastes = 7,65 t
Gewicht der Querträger = 4,10 t
Gesamt = 11,75 t

9. Einzelmast für Schwellenfundierung. 1600 kg Zug, 22,00 m über und 2,60 m unter Erde lang.

Der Mast ist dreischüssig konstruiert. Die Nutzlast von 1600 kg greift 1,50 m unter der Mastspitze an.

Die Eigenlasten für: Drähte, Isolatoren, Querträger und Schuß 1 = ∞ 2000 kg.

Windlast auf Schuß 1:

$$W_1 = 125 \cdot 1,5 \cdot 8,00 (2 \cdot 0,06 + 1,3 \cdot 0,035) \approx 360 \text{ kg}.$$

Die größten Momente betragen nach Abb. 179:

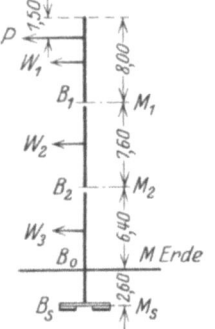

Abb. 179.

$$M = 1,60 \cdot 6,50 = 10,400 \text{ mt}$$
$$0,36 \cdot 4,00 = \underline{1,440 \text{ ,,}}$$
$$M_1 = 11,840 \text{ mt}$$
$$1,96 \cdot 7,60 = 14,896 \text{ ,,}$$
$$0,28 \cdot 3,80 = \underline{1,064 \text{ ,,}}$$
$$M_2 = 27,800 \text{ mt}$$
$$2,24 \cdot 6,40 = 14,336 \text{ ,,}$$
$$0,28 \cdot 3,20 = \underline{0,896 \text{ ,,}}$$
$$M \text{ Erde} = 43,032 \text{ mt}$$

Obere Mastbreite $b = 500$ mm. Zunahme der Mastbreite $= 36$ mm/lfdm.
Untere Breite Schuß 1: $B_1 = 788$. Untere Breite Schuß 2: $B_2 = 1078$ mm.
Untere Breite Schuß 3: $B_0 = 36 \cdot 22,0 + 2(8+10) + 500 = 1328$ mm;
$$B_s = 1328 + 2,6 \cdot 36 = 1422 \text{ mm}.$$

Schuß 1.

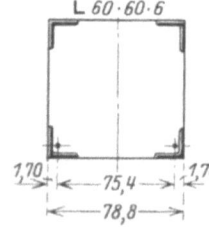

Abb. 180.

Größte Gurtkräfte $\pm S = \dfrac{11,84}{2 \cdot 0,754} \approx 7,85 \mp \dfrac{2,00}{4} = \pm \begin{matrix}7,35 \text{ t,}\\8,35 \text{ t.}\end{matrix}$ (Abb. 180.)

Gewählt L 60 · 60 · 6 mit $f = 6,91 - 1,4 \cdot 0,6 = 6,07$ cm²; $i_\xi = 1,82$ cm.

Größte Knicklänge $l = 108$ cm; $\dfrac{l}{i} = \dfrac{108}{1,82} = 59$; $\omega = 1,25$.

Größte Zugbeanspruchung $k_z = \dfrac{7,35}{6,07} \approx 1,21$ t/cm².

Größte Druckbeanspruchung $k_d = \dfrac{1,25 \cdot 8,35}{6,91} \approx 1,51$ t/cm².

Zum Anschluß der Eckeisen gewählt 8 Schrauben $^1/_2''$ ⌀ mit $f = 1,267$ cm².

Größte Beanspruchung: auf Abscheren $k_s = \dfrac{8,35}{8 \cdot 1,267} \approx 0,825$ t/cm².

Größte Beanspruchung: auf Lochleibung $k_l = \dfrac{8,35}{8 \cdot 1,27 \cdot 0,6} \approx 1,370$ t/cm².

Größte Querkraft $Q_1 = \dfrac{1960}{2} - 7,85 \cdot 36 \approx 698$ kg.

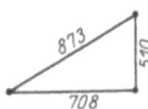

Abb. 181.

Stabkraft der unteren Diagonale $D_1 = 698 \cdot \dfrac{873}{708} \approx 860$ kg. (Abb. 181.)

Gewählt L 35 · 35 · 4 mit $f = 2,67 - 1,4 \cdot 0,4 = 2,11$ cm²; $i_{\min} = 0,68$ cm.

Größte Knicklänge $l = 87,3$ cm; $\dfrac{l}{i} = \dfrac{87,3}{0,68} = 128$; $\omega = 3,88$.

Somit Zugbeanspruchung $k_z = \dfrac{0,860}{2,11} \approx 0,407$ t/cm².

Somit Druckbeanspruchung $k_d = \dfrac{3,88 \cdot 0,86}{2,67} \approx 1,25$ t/cm².

Schuß 2.

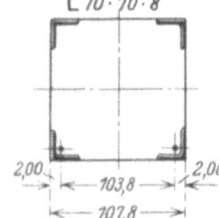

Abb. 182.

Windlast $W_2 = 125 \cdot 1,5 \cdot 7,60 (2 \cdot 0,07 + 0,04 \cdot 1,3) \approx 280$ kg. $G_2 = 2400$ kg.

Größte Gurtkräfte $\pm S_2 = \dfrac{27,80}{2 \cdot 1,038} = 13,40 \mp \dfrac{2,40}{4} = \pm \begin{matrix}12,80 \text{ t,}\\14,00 \text{ t.}\end{matrix}$ (Abb. 182.)

Gewählt L 70 · 70 · 8 mit $f = 10,65 - 1,4 \cdot 0,8 = 9,53$ cm²; $i_\xi = 2,11$ cm.

Einzelmast für Schwellenfundierung. 1600 kg Zug, 22,00 m über und 2,60 m unter Erde lang.

Größte Knicklänge $l = 112$ cm; $\frac{l}{i} = \frac{112}{2,11} = 53$; $\omega = 1,20$.

Größte Zugbeanspruchung $k_z = \frac{12,80}{9,53} \approx 1,34$ t/cm².

Größte Druckbeanspruchung $k_d = \frac{1,20 \cdot 14,00}{10,65} \approx 1,58$ t/cm².

Zum Anschluß der Eckeisen gewählt 10 Niete 14 ⌀ mit $f = 1,539$ cm².

Größte Beanspruchung $k_s = \frac{14,00}{10 \cdot 1,539} \approx 0,91$ t/cm²; $k_l = \frac{14,00}{10 \cdot 1,4 \cdot 0,8} \approx 1,25$ t/cm².

Größte Querkraft $Q_2 = \frac{2240}{2} - 13,40 \cdot 36 \approx 637$ kg.

Stabkraft der unteren Diagonale $D_2 = 637 \cdot \frac{1114}{980} \approx 725$ kg. (Abb. 183.)

Gewählt ∟ 40 · 40 · 4 mit $f = 3,08 - 1,4 \cdot 0,4 = 2,52$ cm²; $i_{min} = 0,78$ cm.

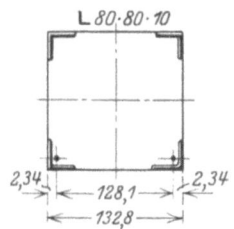

Abb. 183.

Größte Knicklänge $l = 111,4$ cm; $\frac{l}{i} = \frac{111,4}{0,78} = 143$; $\omega = 4,84$.

Somit Zugbeanspruchung $k_z = \frac{0,725}{2,52} \approx 0,288$ t/cm²

und Druckbeanspruchung $k_d = \frac{4,84 \cdot 0,725}{3,08} \approx 1,14$ t/cm².

Schuß 3.

Windlast $W_3 = 125 \cdot 1,5 \cdot 6,40 (2 \cdot 0,08 + 1,3 \cdot 0,04) \approx 280$ kg.

$G_3 = 3000$ kg.

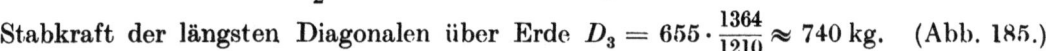

Abb. 184.

Größte Gurtkräfte $\pm S_3 = \frac{43,032}{2 \cdot 1,281} = 16,80 \mp \frac{3,00}{4} = \pm \begin{matrix}16,05 \text{ t,}\\17,55 \text{ t.}\end{matrix}$ (Abb. 184.)

Gewählt ∟ 80 · 80 · 10 mit $f = 15,10 - 1,4 \cdot 1,0 = 13,70$ cm²; $i_\xi = 2,41$ cm.

Größte Knicklänge $l = 133$ cm; $\frac{l}{i} = \frac{133}{2,41} = 55$; $\omega = 1,215$.

Größte Zugbeanspruchung $k_z = \frac{16,05}{13,70} \approx 1,17$ t/cm².

Größte Druckbeanspruchung $k_d = \frac{1,215 \cdot 17,55}{15,10} \approx 1,42$ t/cm².

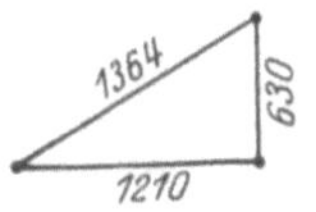

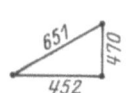

Abb. 185.

Größte Querkraft $Q_3 = \frac{2520}{2} - 16,80 \cdot 36 = 655$ kg.

Stabkraft der längsten Diagonalen über Erde $D_3 = 655 \cdot \frac{1364}{1210} \approx 740$ kg. (Abb. 185.)

Gewählt ∟ 40 · 40 · 5 mit $f = 3,79 - 1,4 \cdot 0,5 = 3,09$ cm²; $i_{min} = 0,78$ cm.

Größte Knicklänge $l = 136,4$ cm; $\frac{l}{i} = \frac{136,4}{0,78} = 175$; $\omega = 7,24$.

Größte Zugbeanspruchung $k_z = \frac{0,740}{3,09} \approx 0,24$ t/cm².

Größte Druckbeanspruchung $k_d = \frac{7,24 \cdot 0,74}{3,79} \approx 1,41$ t/cm².

Die im Erdboden liegenden Diagonalen sind wegen Rostgefahr aus ∟ 45 · 45 · 7 gewählt. Beanspruchung geringer wie vorige.

Die größte Stabkraft erhält die oberste Diagonale unter der Mastspitze mit

$$D_{max} = \frac{1600}{2} \cdot \frac{651}{452} \approx 1155 \text{ kg. (Abb. 186.)}$$

Gewählt zum Anschluß aller Diagonalen je 1 Niet 14 ⌀ mit $f = 1,539$.

Größte Beanspruchung $k_s = \frac{1,155}{1,539} \approx 0,75$ t/cm²; $k_l = \frac{1,155}{1,4 \cdot 0,4} \approx 2,06$ t/cm².

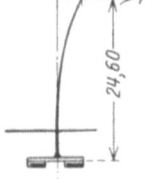

Durchbiegung des Mastes.

Abb. 187.

Die theoretische Durchbiegung an der Mastspitze beträgt nach Bürklin[1]

$$f = \left(\frac{3}{5} \cdot P + \frac{3}{8} \cdot W\right) \cdot \frac{l^3}{E \cdot J}. \quad \text{(Abb. 187.)}$$

---

[1] A. a. O. S. 252.

Hierin ist J = Trägheitsmoment am Mastfuß.

$$J = 4(J_\xi + e^2 \cdot f) = 4(88 + 68{,}76^2 \cdot 15{,}10) \approx 285\,920 \text{ cm}^4.$$

Somit Durchbiegung $f = \left(\dfrac{3}{5} \cdot 1600 + \dfrac{3}{8} \cdot 920\right) \cdot \dfrac{24{,}60^3}{2{,}10 \cdot 285\,920} \approx 32{,}4$ cm.

Die wirkliche Durchbiegung wird etwas größer sein.

Schwellenfuß.

Größtes Moment, bezogen auf 2,60 m unter Erdoberkante:

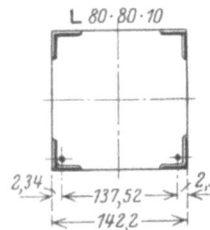

$$M_0 = 43{,}032 + 2{,}52 \cdot 2{,}60 = 49{,}584 \text{ mt.} \quad G_0 = 3{,}20 \text{ t.}$$

Größte Stabkräfte $\pm S_0 = \dfrac{49{,}584}{2 \cdot 1{,}375} \approx 18{,}00 \mp \dfrac{3{,}20}{4} = \pm \begin{matrix}17{,}20 \text{ t,}\\18{,}80 \text{ t.}\end{matrix}$ (Abb. 188.)

Gewählt ∟ 80·80·10 mit $f = 15{,}10 - 1{,}7 \cdot 1{,}0 = 13{,}40$ cm²;

$$i_\xi = 2{,}41 \text{ cm.}$$

Abb. 188.

Größte Knicklänge $l = 139$ cm; $\dfrac{l}{i} = \dfrac{139}{2{,}41} = 58$; $\omega = 1{,}24$.

Größte Zugbeanspruchung $k_z = \dfrac{17{,}20}{13{,}40} \approx 1{,}28$ t/cm².

Größte Druckbeanspruchung $k_d = \dfrac{1{,}24 \cdot 18{,}80}{15{,}10} \approx 1{,}54$ t/cm².

Größtes Moment an der Sohle (Unterkante Schwelle):

$$M_s = 49{,}584 + 2{,}52 \cdot 0{,}16 = 49{,}987 \text{ mt.} \quad \text{(Abb. 189.)}$$

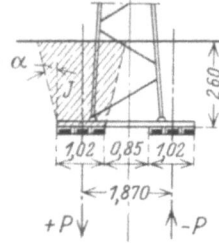

Gewählt pro Mastseite ein Schwellenlager aus 3 Schwellen 16×26 cm Querschnitt und 2,60 m Länge.

Inhalt $J = t[a \cdot b + (a+b) \cdot \operatorname{tg}\alpha \cdot t + 0{,}213 \cdot t^2]$; $\operatorname{tg}\alpha = 0{,}40$.

Inhalt des Erdkegels

$$J = 2{,}60[1{,}02 \cdot 2{,}60 + (1{,}02 + 2{,}60) \cdot 0{,}4 \cdot 2{,}60 + 0{,}213 \cdot 2{,}60^2]$$
$$= J = 2{,}60(2{,}65 + 3{,}76 + 1{,}44) = 20{,}40 \text{ m}^3 \cdot 1{,}60 = 32{,}60 \text{ t.}$$

Abb. 189.

Eigenlast des Mastes mit Schwellenlager = ∞ 3,40 t.

Standsicherheit $n = \left(32{,}60 + \dfrac{3{,}40}{2}\right) \cdot \dfrac{1{,}87}{49{,}987} \approx 1{,}28$ fach.

Größte Belastung des Lagers $\pm P = \dfrac{49{,}987}{1{,}87} \mp \dfrac{3{,}40}{2} = \pm \begin{matrix}25{,}00 \text{ t,}\\28{,}40 \text{ t.}\end{matrix}$

Größte Druckbelastung des Erdbodens $k_d = \dfrac{28\,400}{3 \cdot 26 \cdot 260} = 1{,}40$ kg/cm².

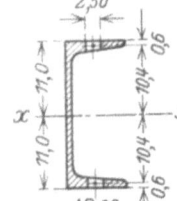

Zum Anschluß eines Lagers gewählt 12 Schrauben $^7/_8''$ ∅ mit $f = 2{,}72$ cm².

Abb. 190.

Größte Zugbeanspruchung der Schrauben $k_z = \dfrac{25{,}00}{12 \cdot 2{,}72} = 0{,}765$ t/cm².

Freitragende Länge des Schwellenträgers $l = 0{,}64$ m.

Belastung dieser Strecke $P_1 = 28{,}40 \cdot \dfrac{0{,}64}{1{,}02} = 17{,}80$ t.

Größtes Biegungsmoment $M_b = 17{,}8 \cdot \dfrac{0{,}64}{2} = 5{,}70$ mt $= 570$ cm/t.

Zum Schwellenträger gewählt 2 ⸦ N.P. 22 mit J_x . . . . . = 2690 cm⁴
Abzug der Schraubenlöcher = $-2 \cdot 10{,}4^2 \cdot 2{,}50 \cdot 1{,}20$ . . . . = 650 ,,
J_x netto = 2040 cm⁴

Somit Widerstandsmoment $W_{x\,\text{netto}} = \dfrac{2040}{11{,}0} = 185$ cm³. (Abb. 190.)

Größte Biegungsbeanspruchung des Trägers $k_b = \dfrac{570}{2 \cdot 185} = 1{,}54$ t/cm².

Zum Anschluß des Schwellenträgers an die Eckeisen gewählt 12 Schrauben $^5/_8''$ ∅ mit je 1,978 cm² Bolzenquerschnitt.

Größte Beanspruchung $k_s = \dfrac{18{,}80}{12 \cdot 1{,}978} = 0{,}793$ t/cm²; $k_l = \dfrac{18{,}80}{12 \cdot 1{,}58 \cdot 0{,}9} = 1{,}10$ t/cm².

Einzelmast für Schwellenfundierung. 1600 kg Zug, 22,00 m über und 2,60 m unter Erde lang.

Untersuchung in Richtung der Leitungen.

Zuglast, anzunehmen mit $\frac{1}{4} \cdot P = \frac{1}{4} \cdot 1600 = 400$ kg. Dafür ist nachstehend mit 800 kg gerechnet worden. Größtes Moment an der Sohle:

$$M_s = 0{,}80 \cdot 23{,}26 + 0{,}36 \cdot 20{,}76 + 0{,}28(12{,}96 + 5{,}96) = 31{,}379 \text{ mt}.$$

Inhalt $J = t[a \cdot b + (a + b) \operatorname{tg}\alpha \cdot t + 0{,}12 \cdot t^2]$; $\operatorname{tg}\alpha = 0{,}30$ (Abb. 191).

Hierbei ist $b = \frac{1}{4}$ der Schwellenlänge $= \frac{1}{4} \cdot 2{,}60 = 0{,}65$ m.

Inhalt des Erdkegels $J = 2{,}60 \, [2{,}89 \cdot 0{,}65 + (2{,}89 + 0{,}65) \cdot 0{,}3 \cdot 2{,}60 + 0{,}12 \cdot 2{,}60^2]$

$J = 2{,}60 \, (1{,}88 + 2{,}76 + 0{,}81)$ . . . . . . $= 14{,}18 \text{ m}^3$

Abzug für Keil $= \dfrac{0{,}85 \cdot 1{,}40}{6} (2 \cdot 0{,}65 + 1{,}49)$ . . . . $= 0{,}55 \,,,$

Inhalt $J = 13{,}63 \text{ m}^3$

Gewicht der auflagernden Erde $E = 13{,}63 \cdot 1{,}60 = 21{,}80$ t.

Somit Standsicherheit

$$n = \left(21{,}80 + \frac{3{,}40}{2}\right) \cdot \frac{1{,}95}{31{,}379} = 1{,}46\text{fach}. \quad \text{(Abb. 192.)}$$

Größte Belastung des Lagers $\pm P = \dfrac{31{,}379}{2 \cdot 1{,}95} \mp \dfrac{3{,}40}{2} = \pm \begin{smallmatrix} 6{,}35 \text{ t}, \\ 9{,}75 \text{ t}. \end{smallmatrix}$

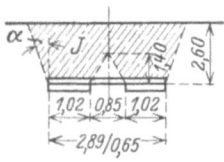

Abb. 191.

Druckbelastung des Erdbodens $k_d = \dfrac{9750}{3 \cdot 26 \cdot 65} = 1{,}92$ kg/cm².

Größte Belastung des Schwellenträgers:

$$\pm S = \frac{M}{2 \cdot r} \mp \frac{G}{2} = \frac{31{,}379}{2 \cdot 1{,}48} \mp \frac{3{,}40}{2} = \pm \begin{smallmatrix} 8{,}90 \text{ t}, \\ 12{,}30 \text{ t}. \end{smallmatrix}$$

Größtes Biegungsmoment der freitragenden Trägerlänge:

$$M_b = 12{,}30 \cdot \frac{0{,}64}{1{,}02} = 7{,}72 \cdot \frac{0{,}64}{2} = 2{,}47 \text{ mt} = 247 \text{ cmt}.$$

Somit Beanspruchung des Trägers $k_b = \dfrac{247}{185} = 1{,}33$ t/cm².

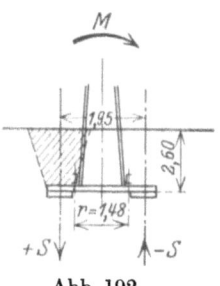

Abb. 192.

Masttype 1600 kg Zug, 22,00 + 2,60 m Länge. $\sigma_{max} = 1600$ kg/cm², $\eta = 1{,}50$ m.

Gewichtsberechnung.

Stück	Gegenstand	Länge	Gewicht Einheit kg	Gewicht Gesamt kg	Stück	Gegenstand	Länge mm	Gewicht Einheit kg	Gewicht Gesamt kg
	Schuß 1:					Übertrag			1621
4	Eckeisen L 60·60·6 . . .	8,00 m	5,42	173	4	Knotenbleche 280·10 . .	400	22,00	35
4	Kopfbleche 485·6	300 mm	22,84	27	4	Anschluß L 120·80·10 . .	400	15,00	24
56	Diagonalen L 35·35·4 . .	45,4 lfdm	2,10	95	12	Flacheisen zu Schwellen 60·12	360	5,65	24
	Schuß 2:				24	Schwellenschrauben ⁷⁄₈″ mit kon. Scheibe	440	1,87	45
4	Eckeisen L 70·70·8 . . .	8,00 m	8,36	268	36	Mutterschrauben ⅝″ z. Fuß	50	0,191	9
52	Diagonalen L 40·40·4 . .	55,2 lfdm	2,42	133	12	Mutterschrauben ⅝″ z. Fuß	40	0,175	
4	Horizontalen L 40·40·4 .	780 mm	2,42	8	346	Niete 13 ⌀ für Diagonalen und Bleche	30	0,0413	14
1	Diagonale L 40·40·4 . .	1050 mm	2,42	2	40	Niete 13 ⌀ zum Stoß der Eckeisen	36	0,0473	2
	Schuß 3 mit Mastfuß:				52	Mutterschrauben ½″ zum Stoß und Verbände . .	35	0,10	5
4	Eckeisen L 80·80·10 . .	9,40 m	11,85	446	44	Niete 16 ⌀ zum Fuß . .	42	0,085	4
36	Diagonalen L 40·40·5 . .	47,50 lfdm	2,97	141	4	Niete 16 ⌀ zum Fuß . .	48	0,095	
16	do. L 45·45·7 unter Erde	23,8 lfdm	4,60	109		Gesamtgewicht			1783
4	Horizontalen L 40·40·5 .	1076 mm	2,97	13		Davon ab für Lochputzen			7
1	Diagonale L 40·40·5 . .	1430 mm	2,97	4		Gewicht des Mastes . .			1776
2	Fußwinkel L 65·65·7 . .	1382	6,83	19					
1	Diagonale L 50·50·5 . .	1905	3,77	7					
2	Schwellenträger ⊏ N.P. 22	3000	29,36	176					
	Zu übertragen			1621					

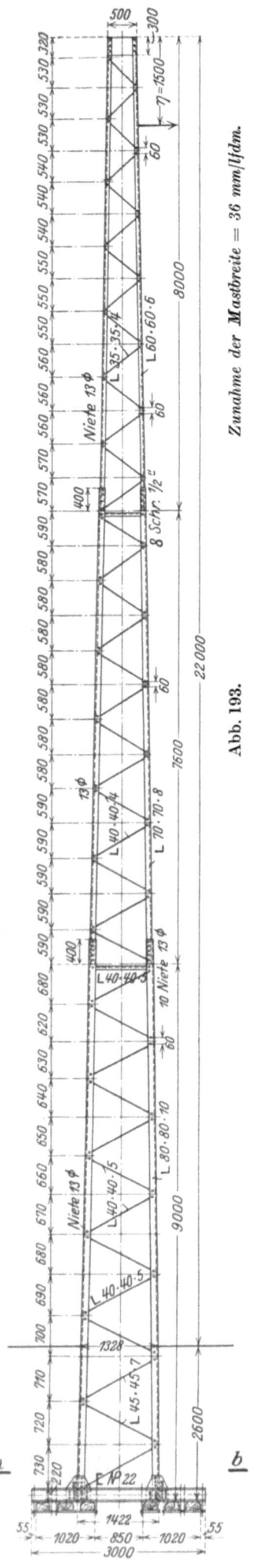

Abb. 193.

Mast für Schwellenfundierung,
1600 kg Zug; 22 + 2,60 = 24,60 m lang
(Abb. 193—195).

Anschluß der Schwellen und des Schwellenträgers.

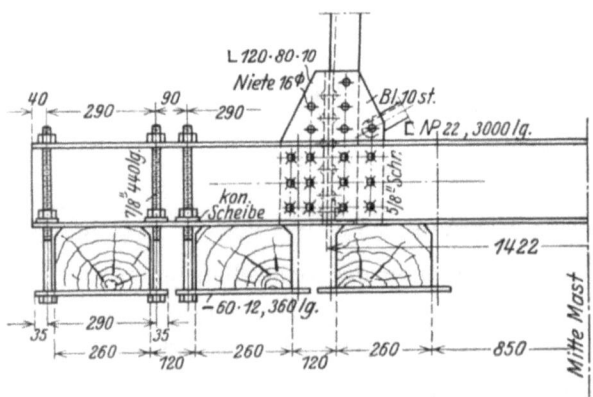

Abb. 194.

Grundriß des Schwellenlagers.

Schnitt a—b.

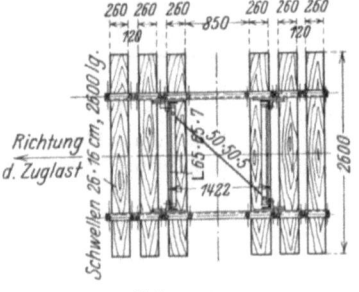

Abb. 195.

10. ⊏-Eisenmast für 500 kg Zug; 8,00 + 1,80 m Länge.

Die obere Mastbreite $b = 136$ mm, untere $B_0 = 424$; Mastneigung $= 36$ mm/lfdm.
Der Winddruck auf den Mast $W = 125 \cdot 1,5 \cdot 0,08 \cdot 8,00 = 120$ kg. Eigenlast $= 600$ kg.
Größtes Moment $M_{max} = 500 \cdot 800 + 120 \cdot 400 = 448\,000$ cm/kg. (Abb. 196.)
Größte Gurtkräfte $\pm S = \dfrac{448\,000}{39,5} \approx 11\,350 \mp \dfrac{600}{2} = \pm \begin{matrix} 11\,050 \text{ kg,} \\ 11\,650 \text{ kg.} \end{matrix}$ (Abb. 197.)

Gewählt ⊏ N.P. 8 mit $f = 11,00 - 1,4 \cdot 0,6 = 10,16$ cm²; $i_{min} = 1,33$ cm.
Größte Knicklänge $l = 93,6$ cm; $\dfrac{l}{i} = \dfrac{93,6}{1,33} = 70$; $\omega = 1,39$.

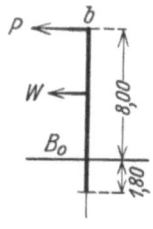
Abb. 196.

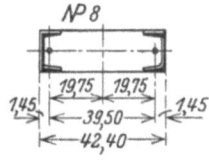
Abb. 197.

Abb. 198.

Größte Zugbeanspruchung $k_z = \dfrac{11\,050}{10,16} = 1090$ kg/cm².

Größte Druckbeanspruchung $k_d = \dfrac{1,39 \cdot 11\,650}{11,00} = 1470$ kg/cm².

Stabkraft der unteren Diagonale $D = (500 + 120) - 11,35 \cdot 36 \cdot \dfrac{1}{\sin 45} = 297$ kg.

Gewählt ein Flacheisen 35×10 mit $f = 3,5 - 1,4 = 2,10$ cm²; $i_{min} = 0,288$ cm.

Größte Knicklänge $l = 54,8$ cm (Abb. 198); $\dfrac{l}{i} = \dfrac{54,8}{0,288} = 190$; $\omega = 8,53$.

Größte Beanspruchung $k_z = \dfrac{500}{\sin 45 \cdot 2,10} = 336$ kg/cm²; $k_d = \dfrac{8,53 \cdot 297}{3,50} = 725$ kg/cm².

Zum Anschluß der Verstrebung Niete $13 \varnothing$; Beanspruchung gering.

Durchbiegung.

Die theoretische Durchbiegung an der Mastspitze beträgt nach Bürklin[1]

$$f = \left(\dfrac{3}{5} \cdot P + \dfrac{3}{8} \cdot W\right) \cdot \dfrac{l^3}{E \cdot J}. \quad \text{(Abb. 199.)}$$

Hierin ist $J =$ Trägheitsmoment am Erdboden mit:

$$J = 2(J_{min} + e^2 \cdot f) = 2 \cdot (19 + 19,75^2 \cdot 11,0) \approx 8620 \text{ cm}^4.$$

Somit $f = \left(\dfrac{3}{5} \cdot 500 + \dfrac{3}{8} \cdot 120\right) \cdot \dfrac{8,00^3}{2,10 \cdot 8620} = 9,8$ cm. Die wirkliche Durchbiegung wird etwas größer sein.

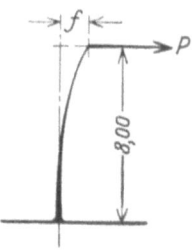
Abb. 199.

Betonfundament.

Die Berechnung desselben erfolgt nach den von Fröhlich aufgestellten Formeln.
Größte Horizontalkraft $= 500 + 120 = 620$ kg.
Tiefe t gewählt 1,80 m.
Größtes Moment, bezogen auf halbe Fundamenttiefe:

$$M_f = 448\,000 + 620 \cdot \dfrac{180}{2} = 503\,800 \text{ cm/kg.}$$

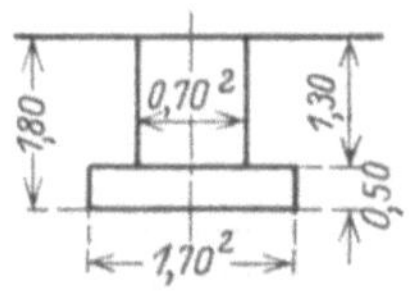

Abb. 200.

Hierfür ergibt sich nach Jaeger[2] ein Fundament von nebenstehenden Abmessungen (Abb. 200).

---

[1] A. a. O. S. 252. [2] M. Jaeger, Stufenförmige Mastfundamente, S. 9.

⊏-Eisenmast für 500 kg Zug; 10,00 + 2,00 m Länge.

Obere Mastbreite $b = 136$ mm, untere $B_0 = 496$, Zunahme der Breite = 36 mm/lfdm.
Winddruck auf den Mast $W = 125 \cdot 1,5 \cdot 0,10 \cdot 10,0 = \sim 180$ kg; Gewicht = 600 kg.

Größtes Moment $M_{max} = 500 \cdot 1000 + 180 \cdot 500 = 590\,000$ cm/kg. (Abb. 201.)

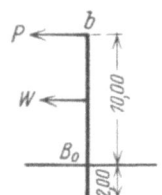

Abb. 201.

Größte Gurtkräfte $\pm S = \dfrac{590\,000}{46,50} = 12\,700 \mp \dfrac{600}{2} = \pm \begin{array}{l}12\,400\text{ kg,}\\13\,000\text{ kg.}\end{array}$ (Abb. 202.)

Gewählt ⊏ N.P. 10 mit $f = 13,50 - 1,4 \cdot 0,6 = 12,66$ cm²; $i_{min} = 1,47$ cm.

Größte Knicklänge $l = 109,1$ cm; $\dfrac{l}{i} = \dfrac{109,1}{1,47} = 74$; $\omega = 1,47$.

Größte Zugbeanspruchung $k_z = \dfrac{12\,400}{12,66} = 980$ kg/cm².

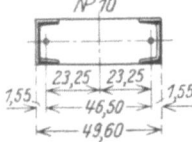

Abb. 202.

Größte Druckbeanspruchung $k_d = \dfrac{1,47 \cdot 13\,000}{13,50} = 1415$ kg/cm².

Stabkraft der unteren Diagonale
$$= (500 + 180) - 12,70 \cdot 36 \cdot \dfrac{1}{\sin 45} = 316 \text{ kg.}$$

Gewählt ein Flacheisen 35×10 mit $f = 3,5 - 1,4 = 2,10$ cm²;
$$i_{min} = 0,288 \text{ cm.}$$

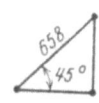

Abb. 203.

Größte Knicklänge $l = 65,8$ cm (Abb. 203); $\dfrac{l}{i} = \dfrac{65,8}{0,288} = 228$; $\omega = 12,28$.

Größte Beanspruchung

$$k_z = \dfrac{500}{\sin 45 \cdot 2,10} = 336 \text{ kg/cm}^2; \quad k_d = \dfrac{12,28 \cdot 316}{3,50} = 1109 \text{ kg/cm}^2.$$

Zum Anschluß der Verstrebung Niete 13 ⌀; Beanspruchung gering.

Durchbiegung.

Die theoretische Durchbiegung an der Mastspitze beträgt nach Burklin[1]

$$f = \left(\dfrac{3}{5} \cdot P + \dfrac{3}{8} \cdot W\right) \cdot \dfrac{l^3}{E \cdot J}. \quad \text{(Abb. 204.)}$$

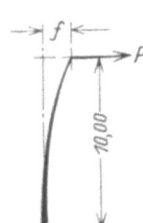

Hierin ist J = Trägheitsmoment am Erdboden mit

$$J = 2(J_{min} + e^2 \cdot f) = 2 \cdot (29 + 23{,}25^2 \cdot 13{,}50) = 14\,640 \text{ cm}^4.$$

Somit $f = \left(\dfrac{3}{5} \cdot 500 + \dfrac{3}{8} \cdot 180\right) \cdot \dfrac{10{,}00^3}{2{,}10 \cdot 14\,640} = 11{,}9$ cm.

Die wirkliche Durchbiegung wird etwas größer sein.

Abb. 204.

Betonfundament.

Die Berechnung desselben erfolgt nach den von Fröhlich aufgestellten Formeln.

Größte Horizontalkraft $= 500 + 180 = 680$ kg. Tiefe $t = 2{,}00$ m.

Größtes Moment, bezogen auf halbe Fundamenttiefe:
$$M_f = 590\,000 + 680 \cdot \dfrac{200}{2} = 658\,000 \text{ cm/kg.}$$

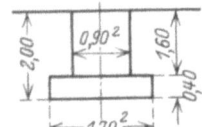

Abb. 205.

Hierfür ergibt sich nach Jaeger[2] ein Fundament von nebenstehenden Abmessungen (Abb. 205).

Gewichtsberechnung
für ⊏-Mast 500 kg Zug, 8 + 1,80 m Länge.

Stück	Gegenstand	Länge	Gewicht Einheit kg	Gewicht Gesamt kg
2	Eckeisen ⊏ N.P. 8 . .	9,80	8,64	169
2	Kopfbleche 147·6 . .	300	6,92	4
1	Verstrebung — 35·10 .	11,71 lfdm	2,75	32
2	Fußwinkel 45·45·5 . .	489	3,38	3
64	Niete 13 ⌀	34	0,047	3
	Gesamtgewicht			211

Gewichtsberechnung
für ⊏-Mast 500 kg Zug, 10 + 2 m Länge.

Stück	Gegenstand	Länge	Gewicht Einheit kg	Gewicht Gesamt kg
2	Eckeisen ⊏ N.P. 10 . .	12,00	10,6	254
2	Kopfbleche 147·6 . .	300	6,92	4
1	Verstrebung — 35·10 .	14,99 lfdm	2,75	41
2	Fußwinkel 45·45·5 . .	568	3,38	4
72	Niete 13 ⌀	34		3
	Gesamtgewicht			306

[1] A. a. O. S. 252. [2] A. a. O.

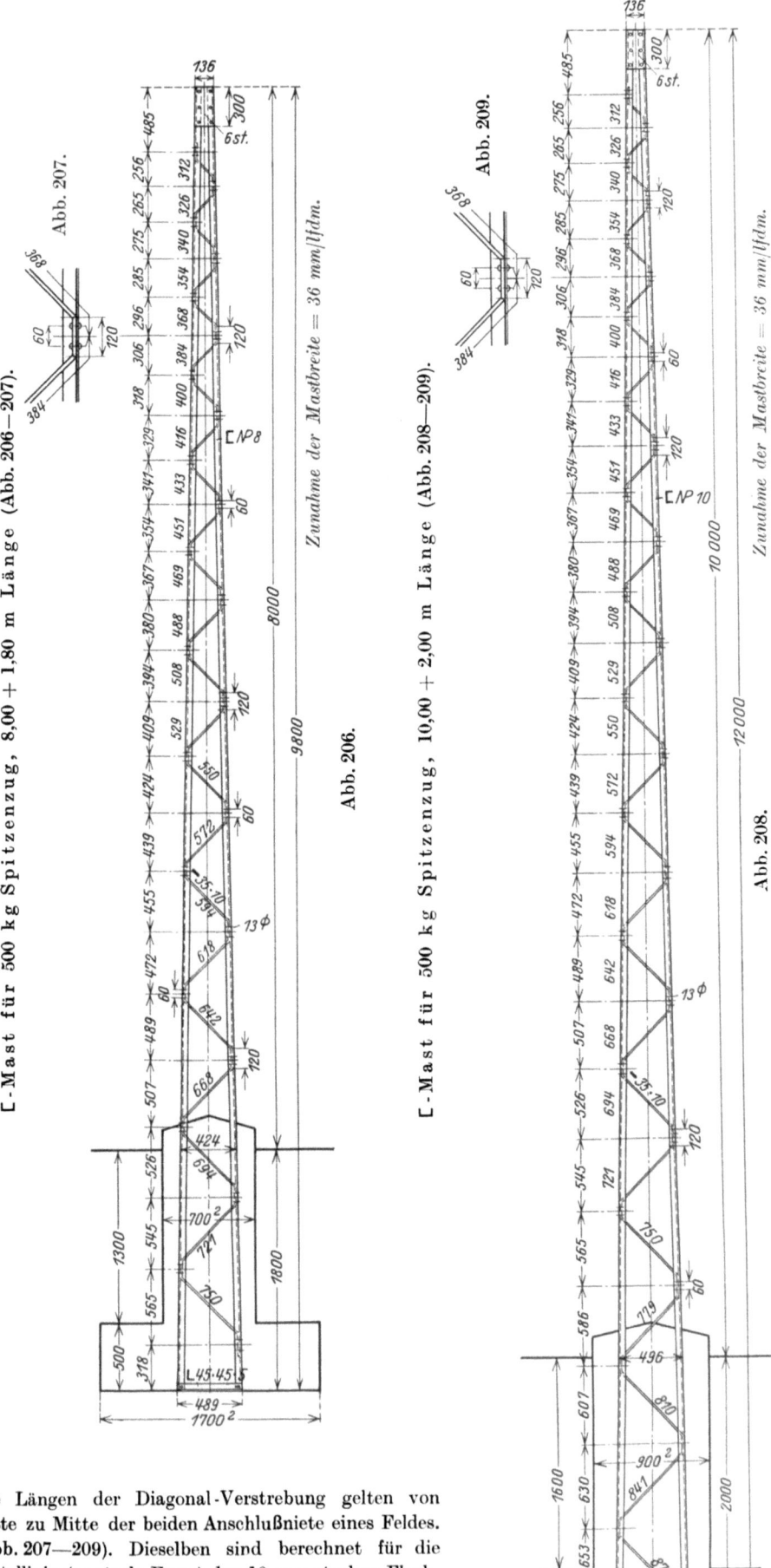

Abb. 207.

L-Mast für 500 kg Spitzenzug, 8,00 + 1,80 m Länge (Abb. 206—207).

Abb. 206.

Abb. 209.

L-Mast für 500 kg Spitzenzug, 10,00 + 2,00 m Länge (Abb. 208—209).

Abb. 208.

Die Längen der Diagonal-Verstrebung gelten von Mitte zu Mitte der beiden Anschlußniete eines Feldes. (Abb. 207—209). Dieselben sind berechnet für die Mittellinie (neutrale Faser) des 10 mm starken Flacheisens.

Springer-Verlag Berlin Heidelberg

Die Eisenkonstruktionen. Ein Lehrbuch für Schule und Zeichentisch nebst einem Anhang mit Zahlentafeln zum Gebrauch beim Berechnen und Entwerfen eiserner Bauwerke. Von Professor Dipl.-Ing. **L. Geusen**, Dortmund. Vierte, vermehrte und verbesserte Auflage. Mit 529 Abbildungen im Text und auf 2 farbigen Tafeln. VII, 310 Seiten. 1925.
Gebunden RM 21.—

Eisen im Hochbau. Ein Taschenbuch mit Abbildungen, Zusammenstellungen, Tragfähigkeitstafeln, amtlichen und sonstigen technischen Vorschriften, Berechnungen und Angaben über die Verwendung von Eisen im Hochbau. Begründet vom Stahlwerks-Verband-A.-G., Düsseldorf. Siebente, völlig neubearbeitete und wesentlich erweiterte Auflage. Herausgegeben vom **Verein Deutscher Eisenhüttenleute**, Düsseldorf. XX, 763 Seiten. 1928. Berichtigter Neudruck 1929.
Gebunden RM 12.—

Amerikanischer Eisenbau in Bureau und Werkstatt. Von F. W. Dencer, C. E., Oberingenieur im Werk Gary der „American Bridge Company", Mitglied der „American Society of Civil Engineers" und der „Western Society of Engineers". Deutsche Übersetzung von Dipl.-Ing. R. Mitzkat, Hörde. Mit 328 Textabbildungen. XII, 366 Seiten. 1928.
Gebunden RM 32.—

Statik der Tragwerke. Von Professor Dr.-Ing. **Walther Kaufmann**, Hannover. Zweite, ergänzte und verbesserte Auflage. (Handbibliothek für Bauingenieure, IV. Teil, 1. Band.) Mit 368 Textabbildungen. VIII, 322 Seiten. 1930.
Gebunden RM 19.50

Statik für den Eisen- und Maschinenbau. Von Professor Dr.-Ing. **Georg Unold**, Chemnitz. Mit 606 Textabbildungen. VIII, 342 Seiten. 1925.
Gebunden RM 22.50

Die gewöhnlichen und partiellen Differenzengleichungen der Baustatik. Von Dr.-Ing. **Friedrich Bleich** und Professor Dr.-Ing. **Ernst Melan**. Mit 74 Abbildungen im Text. VII, 350 Seiten. 1927.
Gebunden RM 28.50

Die Knickfestigkeit. Von Privatdozent Dr.-Ing. **Rudolf Mayer**, Karlsruhe. Mit 280 Textabbildungen und 87 Tabellen. VIII, 502 Seiten. 1921.
RM 20.—

Strenge Untersuchungen am Rhombenfachwerk. Von Privatdozent Dr.-Ing. **Paul Christiani**, Aachen. Mit 17 Textabbildungen und 18 Zahlentafeln. IV, 52 Seiten. 1929.
RM 4.—

Die Kraftfelder in festen elastischen Körpern und ihre praktischen Anwendungen. Von Privatdozent Dr.-Ing. **Th. Wyss**, Danzig. Mit 432 Abbildungen im Text und auf 35 Tafeln. IX, 368 Seiten. 1926.
Gebunden RM 25.50

Springer-Verlag Berlin Heidelberg

Wahl, Projektierung und Betrieb von Kraftanlagen. Ein Hilfsbuch für Ingenieure, Betriebsleiter, Fabrikbesitzer. Von Dipl.-Ing. **Friedrich Barth.** Vierte, umgearbeitete und erweiterte Auflage. Mit 161 Figuren im Text und auf 3 Tafeln. XII, 525 Seiten. 1925. Gebunden RM 16.—

Die elektrischen Einrichtungen für den Eigenbedarf großer Kraftwerke. Von Oberingenieur **Friedrich Titze.** Mit 89 Textabbildungen. VI, 160 Seiten. 1927. Gebunden RM 12.—

Herzog-Feldmann, Die Berechnung elektrischer Leitungsnetze in Theorie und Praxis. Vierte, völlig umgearbeitete Auflage. Von Professor **Clarence Feldmann,** Delft. Mit 485 Textabbildungen. X, 554 Seiten. 1927. Gebunden RM 38.—

Wegweiser für die vorschriftsgemäße Ausführung von Starkstromanlagen. Im Einverständnis mit dem Verbande Deutscher Elektrotechniker herausgegeben von Professor Dr.-Ing. e. h. **Georg Dettmar,** Hannover. VI, 302 Seiten. 1927.
RM 7.50; gebunden RM 8.75

Elektrische Starkstromanlagen. Maschinen, Apparate, Schaltungen, Betrieb. Kurzgefaßtes Hilfsbuch für Ingenieure und Techniker sowie zum Gebrauch an technischen Lehranstalten. Von Oberstudienrat Dipl.-Ing. **Emil Kosack,** Magdeburg. Siebente, durchgesehene und ergänzte Auflage. Mit 308 Textabbildungen. XI, 342 Seiten. 1928.
RM 8.50; gebunden RM 9.50

Kabeltechnik. Die Theorie, Berechnung und Herstellung des elektrischen Kabels. Von Dipl.-Ing., Dr. phil. **M. Klein,** Berlin. Mit 474 Textabbildungen und 149 Tabellen. VIII, 487 Seiten. 1929. Gebunden RM 57.—

Erdströme. Grundlagen der Erdschluß- und Erdungsfragen. Von Dr.-Ing. **Franz Ollendorff.** Mit 164 Textabbildungen. VIII, 260 Seiten. 1928. Gebunden RM 20.—

Der Erdschluß und seine Bekämpfung. Von Privatdozent Dr.-Ing. **G. Oberdorfer,** Wien. Mit 115 Textabbildungen und 2 Tafeln. VI, 165 Seiten. 1930. RM 12.50

Das Bayernwerk und seine Kraftquellen. Von Dipl.-Ing. **A. Menge,** München. Mit 118 Abbildungen im Text und 3 Tafeln. VIII, 104 Seiten. 1925. RM 6.—

Hilfsbuch für die Elektrotechnik. Unter Mitwirkung namhafter Fachgenossen bearbeitet und herausgegeben von Dr. **Karl Strecker.** Zehnte, umgearbeitete Auflage.
Starkstromausgabe. Mit 560 Abbildungen. XII, 739 Seiten. 1925. Gebunden RM 20.—
Schwachstromausgabe (Fernmeldetechnik). Mit 1057 Abbildungen. XXII, 1137 Seiten. 1928. Gebunden RM 42.—

If you have any concerns about our products,
you can contact us on
ProductSafety@springernature.com

In case Publisher is established outside the EU,
the EU authorized representative is:
**Springer Nature Customer Service Center GmbH
Europaplatz 3, 69115 Heidelberg, Germany**

Printed by Libri Plureos GmbH
in Hamburg, Germany